野生イネの自然史

【実りの進化生態学】

森島啓子 編著

北海道大学図書刊行会

扉：*Oryza rufipogon*の採集。
　　パプア・ニューギニア南部ムレイ湖畔にてダンカン・ボーン撮影。
扉裏：一年生型*Oryza rufipogon*（＝*O.nivara*）の自生地。
　　　スリランカ・ヤーラ国立公園にて友岡憲彦氏撮影。

はじめに

　英語のナチュラルヒストリーは自然誌あるいは自然史と訳され，かつては博物学に近い古い学問のイメージが強かった．しかし，多様性がキーワードになった今という時代は，ナチュラルヒストリーを生物多様性の科学として現代に蘇らせた．自然誌と自然史を使い分ける場合には，前者が，分類・生態・分布など自然のありのままの姿を記載することを指向するのに対し，後者は文字どおり自然の歴史の科学であり，時間軸にそった歴史とその要因を明らかにすることを目的とする．生物の歴史は進化に直結し，したがって，自然史科学とは進化学の中心的課題である系統分化とその機構の解明をめざす進化生物学そのものといってもよい．この本は自然史シリーズのひとつであるが，自然誌的なものと自然史的なものとが渾然一体となっている．自然誌すなわち現在の姿の正確な記述なしに自然史研究が不可能であることは，読者にはおわかり頂けるだろう．

　私たちの共通の材料である野生イネは，世界の半分近い人間が主食としている稲を生んだ重要な野生植物である．しかし，きれいな花を咲かせることもなく，良い匂いがするわけでもない，一般の人たちはただの細葉の雑草と思うだろうような，そんな地味な植物である．イネ属という小さなグループであるから，進化といっても小進化である．それでも，彼らは汎熱帯的な広い分布をもち，地球上の多様な環境に適応してさまざまな生き方をしている．種間・種内に発達した繁殖様式の変異，交配様式の変異，生殖的隔離機構，それから生育地の多様な環境条件に対する驚くべき適応．重要作物の祖先であるという点を除いても，野生イネは進化生物学の格好の研究材料であり，挑戦するに値するさまざまな問題を提示している．そういう植物を相手にして，私たちがそれぞれの立場から取り組んだ研究成果のいくつかを集めた．

　この本の誕生のいきさつは，実はちょっと私的なことである．著者として名前を連ねている方々のほとんどは，泥靴でフィールドをいっしょに歩いてきた私の仲間たちである．調査旅行が終わるたびに報告書をだしてはきたが，

まとめてわかりやすい本を皆で作りたいという声は何度もでていた。しかし私の怠慢もあって実現しないでいるうちにこの企画の提案を頂き，渡りに船と乗ったわけである。私たちのほとんどの者の学問的背景は農学であるが，イネとその進化への関心が野生イネを訪ねる旅へとつながった。この本は，興味のおもむくままにいつしか農学から他の分野へ少し越境した私たちの記録でもある。野生イネは残念ながら日本にはまったく自生していない。調査旅行はすべて国際空港から始まった。著者の半数近くが「外国人」である理由もそんなところにある。

　上記のような本書成立のいきさつから，必ずしも自然史研究の中心的課題をすべて含むような構成にはできなかった。とくに，遺伝学的研究のカバーが不十分である。野生イネ研究の歴史は古いが，この20〜30年のあいだに激しく動いた生物科学の潮流のなかで取り上げられることは決して多くはなかった。しかし，ポストゲノムの時代にはいった今，未知の遺伝子の宝庫としてイネ属の野生種に脚光があたりかけていることも確かである。近い将来，野生イネの分子遺伝学的研究は急速に進むであろう。そういう時代であるからこそ，このかけがえのない惑星の上でけなげに生き続けてきた「植物」としての野生イネの姿をぜひ知って欲しい，そして野生イネ研究を志す若い人が一人でも多く生まれて欲しいという願いをこめて，この本を送りだそうとしている。本書のなかでもたびたび触れられているように，今，野生イネの自然集団はその生育地の環境悪化のために，危機に瀕している。この貴重な遺伝資源の多様性保全に役立つ研究を志したいものである。現代に生きる私たちにとって，生物の歴史の科学は，過去に起こったできごとの連なりにひとつの見取り図を与えるだけでなく，その延長線上に見えてくる未来を予測し，そして行動する科学でもあるべきだろう。

　　　2003年7月7日

　　　　　　　　　　　　　　　　　　　　　　　　　　　森島　啓子

目　次

はじめに　i

序　章　野生イネのプロフィール（森島啓子）　1

1. イネ属の分類学的位置　1
   タケに近い？／イネ属の親類／イネ属の起源
2. イネ属の種　3
   種名の混乱／イネ属の種と分類／地理的分布
3. イネ属における遺伝的変異と系統分化　9
   分類と系統発生的関係／分子系統樹／DNA変異の意味するもの
4. 野生イネの利用　13
   伝統的利用／育種的利用／進化研究の材料として／野生イネを利用する人のために

第Ⅰ部　野生イネの生活史

第1章　フィールドと実験室のあいだで（森島啓子）　21

1. 野生イネのすみか　22
2. 発芽の「時」を待つ　24
   埋土種子の運命／種子の休眠と寿命
3. いつ花を咲かせるか　26
4. 交配システム　27
5. 移動の手段　30
6. 生活史と繁殖戦略：ある実験的試み　31

7. 環境と生活史とすみわけ　32
8. 適応戦略の遺伝学　36

第2章　種子とクローンの両方で殖える集団の遺伝理論(米澤勝衛)　39

1. 研究の動機　39
2. 集団の有効な大きさとは　40
  遺伝子頻度の変動から定義される集団の有効な大きさ／近交係数の増加率から定義した集団の有効な大きさ
3. 有性繁殖と無性繁殖を併用する集団の有効な大きさ　49
  世代が重複しない集団／野生イネ集団への適用

第II部　生きるためのさまざまな適応

第3章　イネ属二倍体CCゲノム種にみられる熱帯の森林-サバンナ連続移行地帯への適応(ダンカン A. ヴォーン／森島啓子訳)　57

1. 分類の混乱を整理し，種間関係を明らかにする　58
2. 地理的分布と生態的分布　64
  O. eichingeri／*O. rhizomatis*／*O. officinalis*
3. イネ属の進化の謎を解く重要な鍵　71

第4章　南米野生イネの旅：アマゾンからチャコまで(安藤晃彦)　73

1. 日伯共同研究プロジェクトを立ちあげる　73
2. アマゾンの野生イネ　78
3. パンタナルの野生イネ　82
4. チャコの野生イネ　86
5. 南米の野生イネ：遺伝資源としての展望　87

第5章　野生イネに内生する窒素固定エンドファイト(佐藤雅志)　91

1. エンドファイトとは何者か　91

2．植物の組織内に内生しているエンドファイトの単離　94
3．窒素固定エンドファイトの感染と内生　97
4．これからの研究課題　102
5．エンドファイト消失の危機　105

第6章　雑草イネとは？(徐　學洙・許　文會)　107

1．雑草イネの形態・生理的特性　108
2．雑草イネの休眠性および種子寿命　110
3．雑草イネの開花特性と自然交雑程度　112
4．雑草イネの生き残り戦略　113
5．遺伝資源としての雑草イネの価値　114
6．雑草イネの遺伝的特性　116
7．雑草イネの分類と起源　118

第Ⅲ部　野生イネの過去，現在，そして未来

第7章　野生イネの考古学(佐藤洋一郎)　123

1．遺物としてのイネ　123
　　種子の圧痕／種子／プラントオパール／出土する花粉
2．野生イネの考古学：地域を考える　132
　　中国における野生イネの考古学／中国の野生イネはいつ絶滅したか／
　　韓半島におけるイネの考古学／熱帯アジアにおける野生イネの考古学

第8章　中国野生イネの実態(才　宏偉)　139

1．中国野生イネの分布と生態　139
　　江西省東響野生イネ／湖南省の野生イネ／雲南省の野生イネ／広東省，
　　広西自治区，海南省，福建省の野生イネ
2．中国野生イネの収集と保存　144
　　野生イネ資源の整理およびカタログ化／中国野生イネの保存の現状

3．中国野生イネに関する基礎研究　　146
　　　分類の研究／アイソザイムや分子マーカーによる系統分化の研究／中国野生イネにおける一年生・多年生の分化／中国野生イネにおけるインディカ型・ジャポニカ型の分化／中国野生イネと外国野生イネの比較／集団の遺伝的構造に関する研究
　4．中国野生イネを利用した実用的研究　　153
　　　品種育成での利用／雄性不稔系統の育成／病虫害に対する抵抗性／ストレス耐性／収量を高める遺伝子座を野生イネから発見
　5．中国野生イネの将来　　155

第9章　野生イネ *O. rufipogon* 集団の姿（島本義也）　157

　1．消えゆく野生イネの生育地　　158
　　　多年生野生イネの動態／演習場の野生イネ／一年生から中間型へ／野生イネの自然草原／一年生野生イネの集団
　2．野生イネの実験圃　　167
　3．バンコックの街中の野生イネ　　169
　4．カリマンタン島の野生イネ　　171

第10章　野生イネは生き続けられるか（秋本正博）　175

　1．施設内保存法と自生地内保存法　　176
　2．タイにおける野生イネ遺伝資源破壊の現状　　177
　　　タイの *O. rufipogon*／CP20／自生地環境の撹乱と集団サイズの変動／消えゆく野生イネ／残された野生イネ／集団の終焉
　3．野生イネ遺伝資源の保存のために　　190

引用・参考文献　　193
索　引　　209

序章 野生イネのプロフィール

東京農業大学・森島啓子

　野生イネというときには，イネ属 *Oryza* に含まれる23種のうち，ふたつの栽培種，すなわち世界中に栽培されているイネ *O. sativa* とアフリカイネ *O. glaberrima* とを除いた21種の野生種をさすのが普通である．本書に登場する野生イネはそのなかの一部だが，野生イネの全体像を読者に知っておいて頂き，次章からのトピックスの理解にいくらかのお役にたつことを願って，イネ属の簡単な解説を以下に試みた．

1. イネ属の分類学的位置

タケに近い？
　分類表を見ると，イネ属はイネ科 Poaceae（あるいは Gramineae）のなかのタケ亜科 Bambusoideae のイネ連 Oryzeae に属し，ほかの主要穀物よりも，タケに近く位置している（Clayton and Renvoize, 1986）．確かに，野生イネのあるもの（*O. meyeriana* や *O. granulata*）は，小さなタケかササのように見える．しかしイネ連は，コムギ，オオムギなどの属するイチゴツナギ亜科 Pooideae とも共通する特徴をもっているので，このなかに分類されていたこともあった（Tzvelev, 1989）．最近の系統学的研究の結果から，イネ連とその近縁の仲間がイネ科のなかでどの亜科にも属さない中間的な位置を占めていることがわかり（Soreng and Davis, 1998），ひとつの独立した系統群を構成していると考えられるようになった．イネ科のなかで，イネ属は種

の数からいえば比較的小さい属であるが，イネという作物を進化させたという点で重要な分類群である。

イネ属の親類

イネ連には 12 の属があり，そのなかにはイネ以外にも経済的価値のある植物を含んでいる。アメリカやカナダの湖に自生し，今では食材として「半栽培」もされている，いわゆるワイルドライス(*Z. palustris* と *Z. aquatica*)や，中国で黒穂病菌を感染させて肥った茎を食べるマコモ *Z. latifolia* などを含むマコモ属 *Zizania* もこの仲間である。サヤヌカグサ属 *Leersia* はイネ連のなかでイネ属に次いで多くの種(17 種)を含み，世界中の熱帯・亜熱帯に広く分布する。系統的にはイネ属にもっとも近いとされている。私たちが調査旅行にいったとき，野生イネのそばでよくお目にかかったもののひとつが *L. hexandra* であった。私が野生イネの研究を始めたころは，耐塩性があると大いに研究者の注意をひいたベンガル沿岸の *Porteresia coarctata*，ススキのように大きな株になる南米の *Rhynchoryza subulata*，アフリカの *L. perrieri* や *L. tisseranti* などはまだイネ属に分類されていて，変な野生イネだなあと思って見ていたが，いつの間にか *Oryza* ではなくなっていた。

イネ属の起源

イネ属がいつごろ起源したかについて確かなことはわからない。約 9000 万年前と推定される単子葉植物の花の化石が最近発見されて話題になった (Gandolfo et al., 1998)。この年代は従来考えられていた単子葉植物の起源よりかなり古い。一方，分子進化的なデータに基づいて，Second(1991) はイネ属の誕生を 7000 万年前，Wolfe et al.(1989) や Gaut(1998) は，イネ属とトウモロコシの祖先が分岐したのが 5000 万年前と推定している。これらの分岐年代も，新しいデータによって更新されてゆくことだろう。

2. イネ属の種

種名の混乱

イネ属の分類学的研究は20世紀前半に精力的に行なわれ（Roschevicz, 1931; Chatterjee, 1948 など），だいたいの骨格ができた。1963年，創立間もない国際稲研究所（IRRI：International Rice Research Institute）で開かれた第1回の国際イネ遺伝学シンポジウムにおける課題のひとつは，それまで分類学者のあいだにあった意見の違いを調整し，一般研究者のために標準的な分類と種名を提案することであったそうだ。しかし，専門家による委員会の長時間の議論にもかかわらず，栽培イネの近縁野生種の分類については，どうしても合意に達せず，プロシーディングには委員3人の意見が併記されるという異例の委員会報告がでている。

このときの委員の一人，イネ科植物の分類専門家・館岡亜緒氏は，世界中に分散しているイネ属の標本のほとんどすべてにあたり，自身で採集調査旅行を行なって，その結果を雑誌 Bot. Mag. Tokyo に次々に発表した。その後も続いた度重なる分類や種名の変更とそれにともなう混乱をここに記述することは，読者にとって有益ではないだろう。現在一般的に受けいれられている分類表を表1に示した。最近のイネ属の分類学的まとめに関しては，本書の著者の一人D.A. ヴォーン氏が努力され，参考になる文献も多い（Vaughan, 1989, 1994; Vaughan and Morishima, 2003）。

イネ属の種と分類

表1に見られるように，イネ属は現在23の種をもつ。染色体の基本数（n）は12である。Roschevicz(1931)は，これらを3つの節（section）に分け，Tateoka(1963)は複数の近縁種をまとめて4つのspecies complex への分類を提唱している。そのなかでは，栽培種を含む O. sativa complex と四倍体種を含む O. officinalis complex が主要なもので，今まで行なわれた研究も大部分がこのグループに集中している。それぞれの種の小穂（種子）の形と相対的な大きさを図1に示す。

表1 イネ属の種

節 Section / 複合種(種群)Complex / 種 Species	染色体数 (2n)	寿命[*4]	ゲノム	地理的分布
Oryza				
Oryza sativa complex				
O. sativa L.	24	A/P	AA	世界中
O. rufipogon (sensu lato)*	24	A-P	AA	アジア，オセアニア
O. glaberrima Steud.	24	A	AA	西アフリカ
O. barthii A. Chev.[*2]	24	A	AA	アフリカ
O. longistaminata Chev. et Roehr.[*3]	24	P	AA	アフリカ
O. meridionalis Ng	24	A	AA	オーストラリア
O. glumaepatula Steud.	24	A-P	AA	アメリカ
O. officinalis complex				
O. officinalis Wall ex Watt	24	P	CC	アジア
O. minuta J.S. Presl. ex C.B. Presl.	48	P	BBCC	フィリピン
O. rhizomatis Vaughan	24	P	CC	スリランカ
O. malampuzhaensis Krishnaswamy et Chandrasakaran	48	P	BBCC	インド
O. eichingeri Peter	24	P	CC	アフリカ，スリランカ
O. punctata Kotschy ex Steud.	24	P	BB	アフリカ
O. punctata Kotschy ex Steud.	48	P	BBCC	アフリカ
O. latifolia Desv.	48	P	CCDD	アメリカ
O. alta Swallen	48	P	CCDD	アメリカ
O. grandiglumis (Doell) Prod.	48	P	CCDD	アメリカ
O. australiensis Domin	24	A/P	EE	オーストラリア
Ridleyanae Tateoka				
O. brachyantha A. Chev. et Roehr.	24	A/P	FF	アフリカ
O. schlechteri Pilger	48	P	——	ニューギニア
O. ridleyi complex				
O. ridleyi Hook.	48	P	HHJJ	アジア
O. longiglimis Jansen	48	P	HHJJ	ニューギニア
Granulata Roschev.				
O. granulata complex				
O. granulata Nees et Arn. ex Watt	24	P	GG	アジア
O. meyeriana (Zoll. et Mor. ex Steud.)Baill.	24	P	GG	アジア

* 多年生型と一年生型(*O. nivara* Sharma et Shastry)を含む。*O. perennis* Moench と呼ばれたこともある。
[*2] 以前は *O. breviligulata* A. Chev. et Roehr. と呼ばれた。
[*3] 以前は *O. barthii* sensu Hutch. et Dalz. あるいは *O. perennis* Moench ssp. *barthii* と呼ばれた。
[*4] A：一年生，P：多年生，A/P：中間，A-P：連続変異

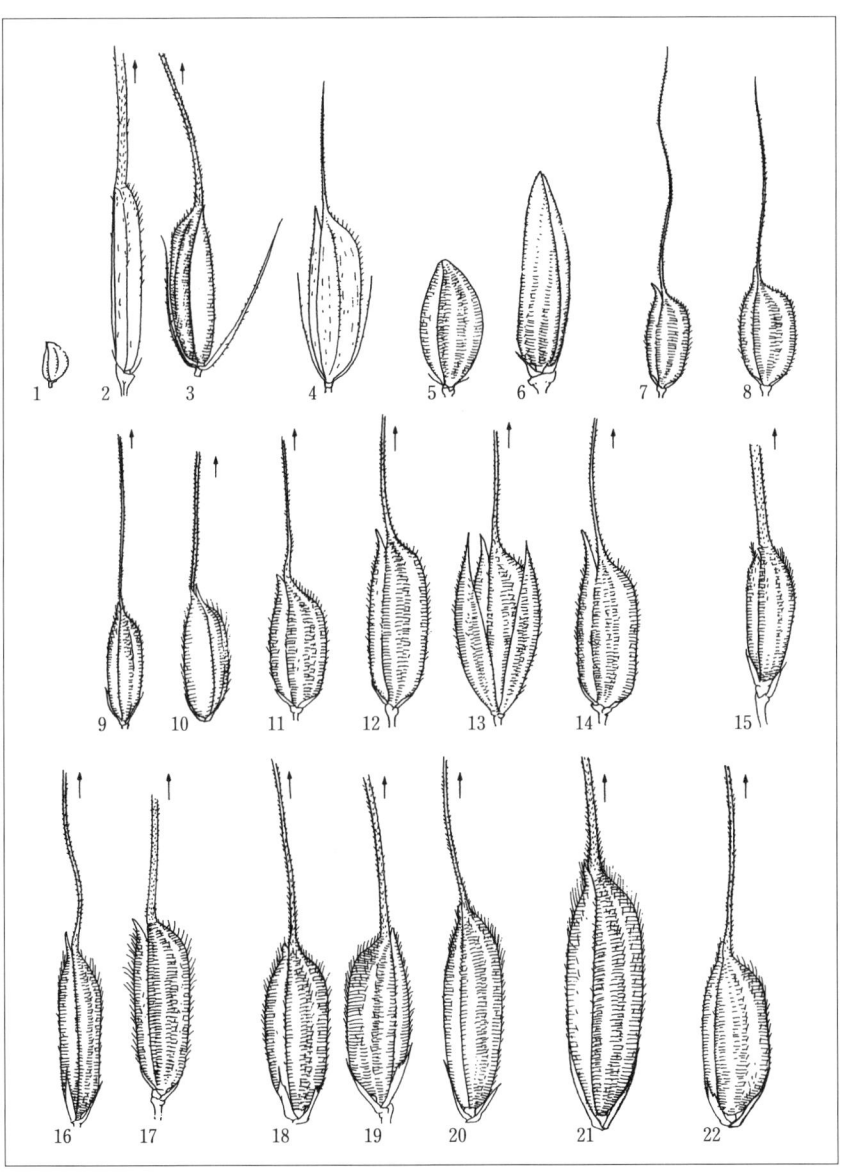

図1 イネ属の種の小穂(種子)(Vaughan, 1989 より)。4倍に拡大。
1：*O. schlechteri*, 2：*O. brachyantha*, 3：*O. longiglumis*, 4：*O. ridleyi*, 5：*O. granulata*, 6：*O. meyeriana*, 7：*O. minuta*, 8：*O. officinalis*, 9：*O. eichingeri*, 10：*O. punctata*, 11：*O. latifolia*, 12：*O. alta*, 13：*O. grandiglumis*, 14：*O. australiensis*, 15：*O. meridionalis*, 16：*O. rufipogon*, 17：*O. glumaepatula*, 18：*O. nivara*, 19：*O. sativa*, 20：*O. longistaminata*, 21：*O. barthii*, 22：*O. glaberrima*

O. sativa complex は世界中の熱帯・亜熱帯に分布し，さまざまな環境，とくに生育地の多様な水条件に適応分化している。すべての種が AA ゲノムを共有する二倍体種である。2種の栽培イネ *O. sativa*(世界的)と *O. glaberrima*(西アフリカ)に加えて，5種の野生イネ，*O. rufipogon*(アジア，オセアニア)，*O. longistaminata*(アフリカ)，*O. barthii*(アフリカ)，*O. meridionalis*(オーストラリア)，*O. glumaepatula*(アメリカ)が含まれる。野生種の名前は異なる大陸への分布とだいたい一致しているのでわかりやすいが，問題がないわけではない。南米の *O. glumaepatula* はアジアの *O. rufipogon* と明瞭に区別できる形質がないから *O. rufipogon* に含めるべきだという論は以前からあった(Tateoka, 1963)。混乱が多くつねに問題になってきたのが，一年生・多年生への分化が著しいアジアの AA ゲノム種である。この点に関しては，多様な種内変異を認めてこれらすべてを *O. rufipogon* と呼び，多年生型と一年生型は種内の生態型として扱うグループ(Morishima et al., 1992; Vaughan and Morishima, 2003)と，一年生型を別種 *O. nivara* とし，多年生型だけを *O. rufipogon* と呼ぶグループ(Sharma and Shastry, 1965; Chang, 1976a)がある。国際稲研究所の立場は後者である。お互いに了解していれば，当事者間にはそれほどの混乱はない。しかし一般の利用者にとっては迷惑なことだろう。AA ゲノム種については，第1章で再び触れる。

　O. officinalis complex は，表1に示すように，異質四倍体を含む10種からなるやや複雑なグループである。BB，CC，EE，BBCC，CCDD のゲノム構成をもつ種があるが，DD ゲノムは異質四倍体にだけ含まれ，二倍体種は知られていない。この species complex には，*O. eichingeri* のようにアフリカとアジアに不連続分布し，そのうえ染色体数について問題のある種を含む(Vaughan et al., 2003)。*O. punctata* のように，同種内に明らかに二倍体と四倍体を含む種もある。EE というゲノム記号が与えられた *O. australiensis* はオーストラリアの北部に分布し，形態的にもゲノム構造からも他種とは大きく異なり，*O. officinalis* complex にいれるべきかどうか問題は残っている。このグループの問題については，第3章でも扱われる。

　このふたつの species complex 以外の種については研究があまり進んでい

ないのが現状である。*O. granulata* complex とまとめられた *O. meyeriana*（種子の長さが5 mm 以上）と *O. granulata*（種子の長さが5 mm 以下）は形態的によく似ていて，種子の大きさだけで分類されている。前者がおもに熱帯アジアの島嶼に分布域をもつのに対し，後者はアジアの大陸部に分布するが，異なる種に分類するのが適当かどうかは再検討を要する。この2種のユニークな点は，イネ属のなかで唯一，雨期でも水の溜まらない森のなかの傾斜地に生育することである。

地理的分布

イネ属のおもな種の地理的分布を図2に示した。*O. sativa* complex も *O. officinalis* complex も，世界中の熱帯・亜熱帯に広く分布している。国際稲研究所をはじめ日本やフランスのチームが精力的に採集旅行を行なってきた。しかしこの広範な地域の調査・研究が満遍なく行なわれたわけではない。分類上未解決の問題を含む地域あるいは分類群のいくつかを次にあげる。

(1)オセアニアのAAゲノム種　*O. rufipogon* はアジアだけでなくニューギニアおよびオーストラリアにも分布することがわかってきた。しかしこれらとアジアの *O. rufipogon* の関係は明らかでない。また，オーストラリア北部では *O. meridionalis* と *O. rufipogon* が同一地域に生育するが，両者の遺伝的・生態的関係は不明である。現在保存されているオーストラリア系統のなかには，形態的特徴や分子マーカーの変異などからみて両種の中間型と判断されるものもある。

(2)アフリカ中央部　この地域は BB，CC ゲノム種の分類や進化を考えるうえで重要だが，調査・採集はまったく行なわれておらず空白地帯として残されている。

(3)CCDDゲノム種　近縁の *O. latifolia*，*O. alta*，*O. glumaepatula* 3種の関係を明らかにするには，アメリカ大陸の地理的・生態的変異を広く含む材料の収集と調査が必要である。

図2に見られるように，同じゲノムをもつ近縁の種が現在は遠く離れた大陸に分布している。彼らは海を渡って移住したのだろうか。イネ属の共通祖先の生まれ故郷を，古生代に南半球にあったゴンドワナ大陸に仮定したのは

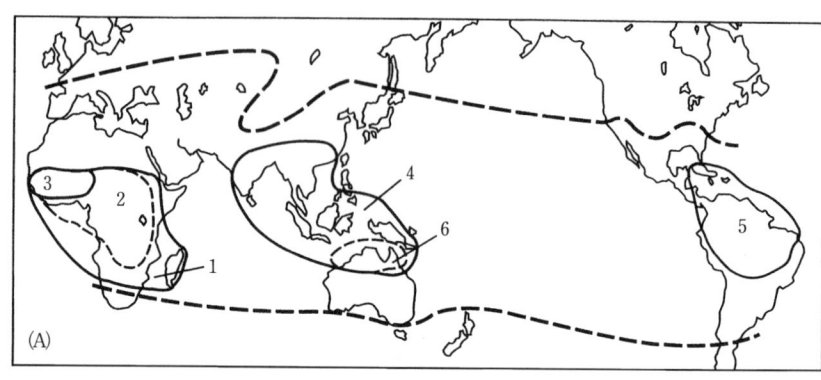

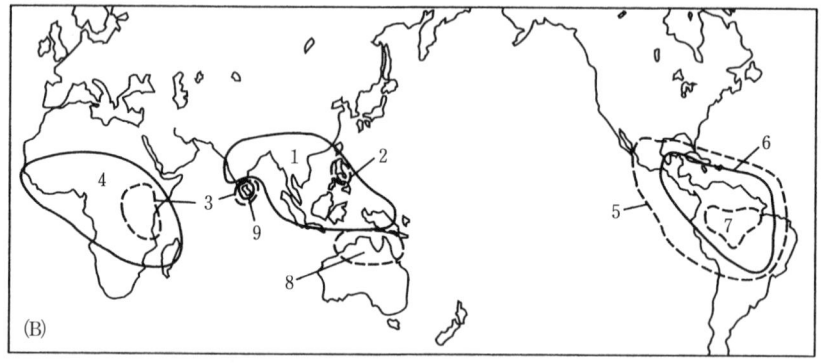

図2 イネ属のおもな種の地理的分布(Vaughan, 1989 より改変)
A：*O. sativa* complex；1：*O. longistaminata*, 2：*O. barthii*, 3：*O. glaberrima*, 4：*O. rufipogon*, 5：*O. glumaepatula*, 6：*O. meridionalis*, 破線は *O. sativa* の栽培範囲
B：*O. officinalis* complex；1：*O. officinalis*, 2：*O. minuta*, 3：*O. eichingeri*, 4：*O. punctata*, 5：*O. latifolia*, 6：*O. alta*, 7：*O. grandiglumis*, 8：*O. australiensis*, 9：*O. rhizomatis*

Chang(1976b)であった(図3)。白亜紀の初めとされる被子植物の分化の時期は大陸移動の開始時期とほぼ一致するとしても(Raven and Axelrod 1974)，1〜2億年前といわれる大陸移動と数千万年前以降と考えられているイネ属の系統分化をこの仮説に合わせて考えるのはなかなか難しい。しかし，それぞれの大陸の移動の時期や順序もまだまだ定説のない部分が多いようだ。移動は急激に起こったわけではなく，その初期には離れつつある大陸のあいだを植物が行き来できる範囲にあったことは種々の化石群の記録が示してい

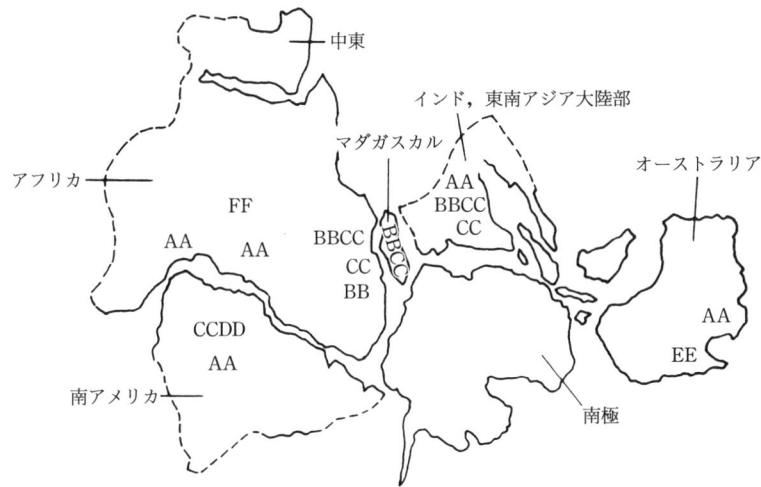

図3 ゴンドワナ大陸の要素への各ゲノムの地理的分布(Chang, 1976b より改変)

るそうだ。野生イネでも，南米，アフリカ，アジアの系統のあいだにDNAレベルの共通点が窺えることは何かを示唆しているのかもしれない。また，ゴンドワナ大陸から最後に離れたとされる南アジアプレートが北半球のローラシア大陸と衝突した後に起こったヒマラヤの隆起は約4500万年前といわれている。第8章で述べられているように，アジアの *O. rufipogon* では，温帯(中国)と熱帯の系統とは遺伝的に異なる傾向があるという事実もある。プレートテクトニックスと結びつけられたこの壮大な物語が，もう少し確からしさをもって語られる日がいつかはくるのだろうか。

3. イネ属における遺伝変異と系統分化

分類と系統発生的関係

分類は，基本的には種の判別に役立つ形態的特徴(key character)に基づいて行なわれる。分類の結果は対象とした分類群の系統的関係を反映すべきものと考えるのが，正統的な分類学の立場であった。しかし，分類の基準に使われてきた形態的形質は，自然淘汰の影響を大きく受け，現在似ているも

のが系統的に近いとは限らない。そこで，種のあいだの関係を考えるときには，形態だけではなく，遺伝的な類似度，雑種形成の可否，雑種の染色体の行動や生殖的隔離，さらに地理的分布なども考慮にいれて総合的に考察されてきた。

　イネ属の種に現在つけられているAからFまでのゲノム記号は，F_1雑種の減数分裂時に両親の染色体が正常に対合するかどうかを基準にしてつけられた古典的な意味でのゲノムで，これらの種は，交雑の難易はあるにせよ種間雑種が得られる範囲のものである。ゲノム分析といわれたこの手法が有効なのは，交雑が可能な種に限られ，同じゲノムをもつ種のあいだ，あるいは種のなかの変異を表わすには有効ではない。現在では，生物種の遺伝情報（ゲノム）を直接解析し比較することが可能になった。種間雑種の得られにくい O. granulata complex と O. ridleyi complex についてはゲノムが未定であったが，全DNAのハイブリディゼーションのパタンがゲノム特異的であること，ほかのゲノム種のパタンとは明瞭に違うことから，それぞれにGGとHHJJのゲノム記号が与えられた(Aggarwal et al., 1997)。しかし，種あるいはゲノムの特異的な反復配列の増幅パタンと従来のゲノム分析の基礎であった雑種の染色体対合との関係は不明である。

　一方では，分類を系統関係とは切り離し，多数の形質を総合的にみて現在の類似程度によって客観的に分類することを目指す「数量分類」が1960年代に提唱された。初期の数量分類に使われたのは表現型形質であったので，たとえその結果から樹枝状図を作っても，それは系統関係を反映するものではないことがむしろ強調された。最近，分子レベルの変異が比較的簡単に調べられるようになり，数量分類で開発されたさまざまな手法を応用し分子系統樹を作ることが盛んに行なわれている。分子分類という言葉も使われるようになった。分子進化時計の概念が確立し，分子系統樹はだいたいにおいて遺伝子あるいは種の系統関係を表わすと考えられるようになった。しかし，推定された系統樹の結果をどのように実際の分類に反映させるかは議論のあるところである。

分子系統樹

　イネ属においても，ゲノムの異なる多数の種や系統を用い，種々のDNAマーカーの変異に基づいた分類学的研究が次々に行なわれた（Second, 1991；アイソザイム：Wang et al., 1992; RFLP：Aggarwal et al., 1999；AFLP：Joshi et al., 2000; ISSRなど）。それらの研究は，イネ属の種が共通祖先から単系的に進化したこと，4つの species complex が明らかに分化していること，O. sativa complex と O. officinalis complex が比較的近いこと，O. officinalis complex のなかでは O. australiensis がほかの種から離れていること，O. brachyantha はイネ属のなかで他種ともっとも縁が遠いことなどの点ではほぼ同じような結果を示した。これはまた，それ以前の研究ともだいたい一致し，DNAマーカーによって従来の考えが再確認できたといえよう。

　核因子だけでなく，葉緑体やミトコンドリアなど細胞質因子の多型性も調査された。異なるゲノムをもつ種や系統を使った研究としては，Ichikawa et al. (1986)，Ishii et al. (1988)，Dally and Second (1990)，Second and Wang (1992)などがあり，同じゲノムを共有する種のあいだでは変異が比較的少ないことがわかった。このことは，少なくともゲノムのレベルでは核と細胞質とは協調的に進化したことを意味する。

　O. sativa complex は栽培イネを含むグループであり，この種群に焦点をしぼった研究は多い。O. sativa は O. rufipogon から，また O. glaberrima は O. barthii から，アジアとアフリカでそれぞれ独立に栽培化されたことは，種々の状況証拠から明らかであったが(Oka, 1988)，DNAレベルでの研究結果も，ふたつの栽培種はそれぞれの野生祖先種と遺伝的にはひじょうに近く，同じ生物学的種といってもいいくらい近縁であることが裏づけられた(Second, 1985; Doi et al., 2000)。5つの野生種相互間は雑種不稔性によって生殖的に隔離されていて(Morishima, 1969)，DNAレベルでの種間差も明らかである(Second, 1985; Ishii et al., 1996; Akimoto, 1999; Cheng et al., 2002)。そのなかでは，O. rufipogon, O. barthii, O. glumaepatula の3種が互いに比較的近く，O. longistaminata と O. meridionalis がそれらとはやや縁が遠いことを示す結果が多い。

O. sativa complex の細胞質ゲノムの変異を詳しく調べると，種間・種内で多型があり，そのパタンは核ゲノムの変異パタンとは必ずしも一致しない複雑な様相を示す。とくにアメリカの *O. glumaepatula* は，葉緑体 DNA では *O. barthii* に類似する地理的グループと，ミトコンドリアゲノムでは *O. longistaminata* に類似する地理的グループが認められることから，起源を異にする系統を含む可能性がある(Akimoto, 1999)。

　他方，*O. officinalis* complex については，交雑実験に基づく細胞遺伝学的研究が 1960 年代になされて以来あまり進展がなかったが，最近になって分子分類的な研究が盛んになった。BBCC ゲノムの *O. minuta* と *O. malampuzhaensis* の細胞質は共に，BB ゲノムの二倍体 *O. punctata* に由来するが，同じ BBCC ゲノムの四倍体 *O. punctata* は CC 種由来の細胞質をもつと推定される(Dally and Second, 1990; Kanno and Hirai, 1992)。種々の状況証拠から，*O. minuta* と *O. malampuzahensis* の成立は独立の事象と考えられるので，そうすると BBCC 種の分化には少なくとも 3 回の倍数化がかかわっていることになる。一方，新大陸に分布する四倍体 *O. latifolia*，*O. alta*，*O. grandiglumis* の 3 種は CCDD ゲノムを共有し，遺伝的に近縁であることはわかっているが，その分化過程は明らかでない。二倍体の知られていない DD ゲノムの祖型については，CC，EE など諸説あるが，未発見の，あるいは絶滅した未知のゲノムであった可能性も否定はできない。分子的なデータを使って *O. officinalis* complex の種分化を扱った研究としては，Ge et al.(1999)，Ishii and McCouch(2000)，Shcherban et al.(2001) などがある。

DNA 変異の意味するもの

　特定の遺伝子の構造や塩基配列の情報からイネ属の進化をを考えようとする研究もある。Sano and Sano(1990)，McIntyre and Winberg(1998)，Iwamoto et al.(1999)，Ge et al.(1999)，Kanazawa et al.(2000)，など多数の研究があげられる。Shcherban et al.(2001)は，今まであまり詳細な研究がなされなかった *O. officinalis* complex の多数の系統を用い，レトロポゾンの一種の配列多型からこのグループの系統発生の推定を試みた。その結果，

アフリカ，アジア，アメリカの系統群が明瞭に分かれ，また *O. eichingeri* がこのグループのなかでもっとも原始的な型に近いことなどが示された。新しいマーカーや技術の開発によって，将来この類の研究はさらに増えると思われる。

これら特定のDNAの配列多型が示すイネ属の系統発生的関係は，相互に，あるいは過去の研究結果と，一致する場面もあり一致しない場面もある。ゲノムの各部分が必ずしも同調して進化したとは考えられないので，これは当然のことである。種特異的なDNAの探索と研究は，種分化の問題を分子遺伝学的に解析する強力な手法ではあるが，ゲノム進化の全体像を理解するには総合的な考察が必要である。

系統分化の研究に従来よく用いられてきたアイソザイム，RFLP(restriction fragment length polymorphism)，AFLP(amplified fragment length polymorphism)，RAPD(random amplified polymorphic DNA)，マイクロサテライトなど，ランダムに選ばれたゲノム全体に分布する分子マーカーの大部分は，淘汰に対してほぼ中立であり，進化の中立的過程，すなわち突然変異と遺伝的浮動による歴史的過程を追跡・構築するには確かに有効な手法である。しかし，実際の進化は，中立的過程と適応的過程とが重なり合って進行したことは間違いない。自然淘汰の対象になる機能や生態に関する形質の遺伝子を同定し，それを標的としたマーカーの開発と変異解析が進めば，従来は量的形質の変異研究に頼っていた適応的進化の機構解明に新しい道が開かれるだろう。そして進化的に意味のあるのはひとつの遺伝子というより，それらの複合としての領域である可能性は高い(Sano, 1992; Cai and Morishima, 2002)。

4. 野生イネの利用

伝統的利用

稲作が普及した後も，野生イネを食用に採集する習慣は近年まで世界各地で見聞されている(写真1)。常食はしなくなっても，神事や祝い事のために野生イネを採集する事例は多い。メコンデルタの深水地帯で，一人の老人か

14　序章　野生イネのプロフィール

写真 1　*O. barthii* の種子を食用にかごで採集しているところ。アフリカ，チャドにて。

ら，昔は小舟に乗って野生イネ(*O. rufipogon*)の群落のなかに漕ぎいれ，棒で種子を船のなかに叩き落として集めたと聞いた。陽が高く登ってからでかけると脱粒してしまっているが，朝早く穂がしっとりしているうちに行けば収穫が多いとも聞いた。この収穫方法と注意事項は，アメリカのワイルドライス(*Zizania*)について聞いた話とまったく同じである。またアジアの浮きイネ地帯で野生イネと栽培イネの自然雑種の後代が雑草として水田のなかに大繁茂している光景はしばしば見るが，バングラデシュではこれをジョラダンと呼び，不作の年や端境期のために採集して貯蔵する。農家の人が蔵からだして見せてくれたジョラダンは，大きな丸々とした種子だった。食用にされる野生イネの多くは AA ゲノム種だが，*O. punctata* や *O. grandiglumis* など遠縁の野生種にも報告がある。

　よく茂った野生イネの葉を水牛が好んで食べている。農民が深い水のなかで飼料用に野生イネの葉を刈っているのもたびたび見た。出穂した野生イネは芒がガサガサして水牛は好まないとタイ南部で聞いたこともある。種子は，もっぱらネズミなど小さい動物や鳥の食物である。

O. granulata はインドで避妊薬として使われるそうである。また，*O. officinalis* の中国の名前は药用野生稻である。药は薬の意味，漢方の発達した中国では薬用にこの野生イネを利用したのだろうか。私たちの知らない利用方法がまだまだあるだろう。

育種的利用

歴史的にみて野生イネの利用を最初に試みたのは中国の研究者たちである。1920年代に丁穎氏は，広州で見つけた *O. rufipogon* と栽培イネとの自然雑種から中山1号を育成し，その後代から多くの奨励品種が生まれた。また海南島で発見された1株の雄性不稔の *O. rufipogon* が中国におけるハイブリッドライスの実用化を進める端緒になったことは有名である。

国際稲研究所では，多収性品種の育成が一段落した後，ストレス耐性遺伝子の探索を開始し，保存されていた多数の野生イネ系統の耐病性・耐虫性が調査された。一年生型 *O. rufipogon*（*O. nivara*）の1系統からウィルス（grassy stunt）抵抗性の，また *O. longistaminata* から白葉枯病抵抗性の遺伝子などが発見され，多くの抵抗性品種の育成へつながった。AAゲノム種だけではなくゲノムの違う野生イネの利用も視野にいれて，遠縁交雑が積極的に進められ，*O. officinalis*，*O. ridleyi*，*O. minuta* などで種々の病虫害抵抗性遺伝子が同定され，栽培イネへ導入された。*O. officinalis* の一系統を利用して育種された耐虫性品種群がメコンデルタで普及面積を広げている例は第3章に紹介されている。そのほかの事例についての詳細は Brar and Khush（1997），金田（2002）などを参照されたい。遺伝子組換え技術の進歩によって，生殖的隔離はもはや育種家にとって超えられない障壁ではなくなった。野生イネの育種的利用もいっきょに舞台が広がったといえよう。

野生イネは収量は低いので，多収性育種における利用は期待されていなかった。ところが，量的形質の遺伝子の解析が精力的に行なわれた結果，*O. rufipogon* のなかに収量を高める遺伝子が発見され話題になっている（Xiao et al., 1998；Moncada et al., 2001）。この野生系統は純野生イネというより，栽培イネとの自然雑種の後代ではないかと思われるが，いずれにしても，収量のような複雑な性質の改良に野生イネがいかに貢献できるかは，

今後の課題であろう。

進化研究の材料として

今までに行なわれた進化遺伝学的研究は，主としてAAゲノム種 *O. sativa* complex を対象にしてなされたものである。栽培イネの近縁種という理由でとりあげられてきたのではあるが，純粋に進化遺伝学の対象として考えても利点の多い分類群と思う。(1)種間相互で交配ができ遺伝学的実験が可能である，(2)それでいて種間・種内にさまざまな生殖隔離機構が発達していてその遺伝的基礎が研究できる，(3)繁殖様式については種子繁殖から栄養繁殖まで，交配様式については自殖から他殖までの連続変異が，種間および種内に発達していて，多様な適応戦略を比較究できる，(4)重要作物として，またゲノムサイズの小さいモデル植物としてイネの遺伝学的研究は発展し，その成果が利用できる，などの点があげられる。

これに対して，*O. officinalis* complex は未解決の問題が多く残されている。このグループの特徴は種分化に倍数性がかかわっていることであり，Aゲノムでは起こらなかった倍数化がなぜ集中的にこの species complex で起こったかは興味のある問題である。また，適応的分化のおもな要因も，おそらくは陽地・陰地への対応であって(第3章参照)，*O. sativa* complex における水条件に対する適応的分化とは対照的である。

進化研究では環境条件とのかかわりを明らかにすることは必須である。ところが，熱帯原産のイネ属の種は日本には自生せず，日本で栽培実験するには温室や短日装置が必要である。自生地の環境を観察するには外国へでかけていかなければならない。しかし，これらの困難を克服してでも，なお挑戦するに価する問題の宝庫だと思う。

野生イネを利用する人のために

本書のなかでも繰り返し述べられているように，失われつつある野生イネの自生地保存は重要でもあり，急務でもある。しかし，野生イネを利用したい一般の研究者が材料を入手するのは，まずジーンバンクなど系統保存をしている研究機関からであろう。収集保存する者は当然野生イネの専門家とし

ての知識と経験を積む必要があることは言うまでもないが，一般利用者も野生イネについての基礎的知識はもっていて欲しい．栽培イネなどの作物品種の取り扱いとはかなり異なる注意が必要である．

　利用の目的は，(1)農業的に有用な形質あるいは遺伝子の探索か，(2)系統分化の研究の場合が多いだろう．目的に合う系統をいかに効率的に選ぶことができるかは，保存系統の情報がどの程度整備されているかによる．日本で保存されている野生イネ系統のデータベース化が現在進行中であり，国立遺伝学研究所遺伝学電子博物館のイネ遺伝資源データベースのなかでそれらのパスポートデータは検索できる（URL：http://www.shigen.nig.ac.jp/rice/oryzabase）．またここから外国の関連サイトへリンクできる．

　まったく予備的情報なしに供試系統を選ぶには，コアコレクションから始めるのはひとつのやり方ではある．コアコレクションとは，コレクション全体の約10％程度の系統群で，できるだけ全体の遺伝変異をよく代表するように選ばれた補助的サンプルである．しかしそれを選ぶためには，コレクション全体がよく評価されていることが前提で，質の高いコアコレクションが整備されている所はまだ少ない．

　保存されている野生イネのひとつのアクセッションは，普通，ひとつの自然集団を代表するもので，利用者が入手できる種子は，1個体由来の系統か，あるいは複数の個体の混合種子である．1個体由来の系統は自殖させて増殖しているので，純系に近づいており，遺伝実験や複数の研究者で共通の材料を使いたいときには都合がいい．しかし，多型的な自然集団を1個体で代表させることの無理に加えて，種子増殖を繰り返すたびに，野生的な形質が無意識的に淘汰されたり，ヘテロで含まれていた有害遺伝子がホモ化して失われるなどの理由で，もとの自然集団の遺伝的構成から偏ることは避けられない．通常は栄養繁殖や他殖をしている集団ではとくにその影響は大きい．

　同じ種に属する系統でも，採集地や生育地の環境が違う場合は当然遺伝的にも異なると考える必要がある．限られたコストで仕事をしなければならない研究者にとって，対象とする種あるいは集団の数を多くするほど，それぞれの系統数や個体数を少なくせざるをえず，内部の変異を犠牲にすることになる．目的とそれぞれの状況に応じて最大の効果をえるような賢い選択をす

べきであろう。

　現実の系統保存事業では，多数の系統を人間が保存するのであるから，その過程でときに間違いが生ずることは避けられない。重要なのは，間違いがあったときにいかに早く気がつき対処するかである。このことは，保存する側にも利用する側にも強く求めたいことである。

第 I 部

野生イネの生活史

生物は，自分自身の生存と子の繁殖にかかわる各種の形質(生活史特性)をさまざまに組合せてそれぞれの生活史を進化させてきた。1粒の種子，1本の植物にも生活史はあるわけだが，同じ種に属し，あるまとまりをもって生育する個体の集まり，すなわち集団，それも遺伝変異を含む集団がなければ生活史の進化は起こらない。有性繁殖か無性繁殖か，自殖か他殖かなど，生活史特性のあいだにはあちらをたてればこちらがたたずの関係がしばしばあり，トレードオフと呼ばれるこの関係をいかに乗り越えてどんな戦略をとるかが種あるいは生態型の存続にとって重要である。そして最適な生活史は環境条件によって異なり，多様な環境の存在が多様な生活史を進化させた。

　イネ属の野生種は繁殖方法においても交配様式においても多様な変異を含む。この生き方の違いは集団の遺伝的構造に大きく影響し，ひいてはその進化的運命にかかわる。第Ⅰ部では，そういう問題意識をもって野外調査と実験研究のあいだを行きつ戻りつした仕事(第1章)と，現実の自然集団に少しでも近い集団モデルをめざして行なわれた理論研究(第2章)のふたつをまとめた。

　第1章では，栽培イネと同じAAゲノムをもつ野生種の生活史を紹介する。種間にも種内にも共通してみられる分化は，種子(有性)繁殖対栄養(無性)繁殖の変異，他殖対自殖の変異である。野生イネでは，有性繁殖と自殖性が，また無性繁殖と他殖性が結びついてふたつの対照的な適応戦略が分化していることを述べ，その進化的意義を考察した。

　フィールドが好きな研究者はえてして理論研究を敬遠する。数式が苦手ということもあるが，理論研究で扱われるモデルが現実の自然集団とあまりにもかけ離れていることが気持を萎えさせる。有性繁殖と無性繁殖の進化的意義は繰り返し論じられてきたが，理論研究はすべて有性繁殖をするメンデル集団が基礎になっていた。多くの野生イネ集団がそうであるように，部分的に無性繁殖が起こった場合に遺伝構造がいかに影響されるかについての理論はまったくなかった。第2章は，「集団の有効な大きさ」を通して，この問題に挑戦した著者の研究成果である。「集団の有効な大きさ」はなかなか理解しにくい概念のひとつであるが，著者の精一杯親切な説明を理解するよう努力して頂きたい。

フィールドと実験室のあいだで

第1章

東京農業大学・森島啓子

　生活史とは個体が生れてから死ぬまでの生き方である。野生イネは，雨期が始まると種子が発芽したり前年の株から再生芽をだしたりして，その年のシーズンを生き始める。同時に生まれた多数の仲間のなかから少数が生き残り，花を咲かせ，パートナーが出会って実を結ぶ。動物のように自由には動けないが，さまざまな移動の手段をもっている。一度種子をつけて子どもを残したら親はすぐ死んでしまうものから，子どもを残すことに一生懸命ではなく，自分がいつまでも生き続けようとするものもいる。このようにイネ属の野生種はさまざまな生き方をしていて，そこにはさまざまなドラマがひそんでいるのだろうが，この章では，比較的よく調査や研究がされた，栽培イネと同じ AA ゲノムをもつ野生イネについて紹介しよう。

　生活史は環境への適応をよく反映している。しかし，生物をとりまく自然環境は空間的にも時間的にも大きく変動し，そこに生きる生物の側もきわめて多様な存在である。自然集団の観察だけから，生活史と環境要因との複雑な因果関係を的確に理解するのは容易ではない。そこで私たちは，フィールドと実験室のあいだを行き来しながら，異なる環境で生きてきた系統を均一の実験条件下で栽培していろいろな性質を調べることや，実験系統を自然条件のなかに植えてみることなど，「半自然の実験」とでもいうべきさまざまな試みをしてきた。

1. 野生イネのすみか

　AAゲノムをもつ野生イネは，*O. rufipogon*(アジア，オセアニア)，*O. barthii*(西アフリカ)，*O. longistaminata*(アフリカ)，*O. glumaepatula*(中南米)，*O. meridionalis*(オーストラリア)の5種で，これらの大陸の熱帯・亜熱帯に分布している。彼らは基本的には水生植物で，池や沼地，水路や川岸などに多く見られ，少なくとも栄養生長期は湛水状態のなかで生長する。雨期・乾期の区別がはっきりしている地域では水位の増減が大きく，場所によるその違いが野生イネの適応様式をさまざまに分化させた。AAゲノムを共有する5種の野生イネの自生地に共通して見られる特徴は，陽地だという点である(写真1)。ほかのゲノムの種が，林縁のような半日陰によく生育しているのと対照的である。

　アジアの稲作地帯では，栽培イネ *O. sativa* の祖先種である *O. rufipogon* が水田の周辺に生育していることが多い。栽培イネは自殖性だが，野生イネは他殖性の傾向があるので自然交雑が頻繁に起こり，栽培イネの遺伝子は周辺の野生イネ集団に浸透してゆく。両者間の遺伝子流動は原始的な栽培イネの誕生以来起こってきたことであり，このことが栽培品種の多様化をもたらした原動力のひとつでもあったろう。野生イネと栽培イネとのあいだには生殖的隔離はなく，違う種名がついてはいるが生物学的には同じ種といえる。自然交雑の結果多様なタイプが分離し，それらは防除しにくい水田雑草となって農民を苦しめ，一方では分類学者を困惑させる原因にもなっている。現在私たちが目にする *O. rufipogon* は多かれ少なかれ栽培イネの遺伝子を吸収しているといってもよく，とくにアジア大陸部では栽培イネから完全に隔離された純粋な野生イネの集団を見つけるのは難しいのが現状である。

　アフリカのサバンナは乾燥のイメージが強いが，雨期になると点在する湿地や内陸デルタが出現し，*O. longistaminata* や *O. bathii* はこういう所をすみかにしている。私たちが西アフリカを調査したのはもう20年以上前になるが，調査した約半数の地点でこの2種が共存し，また栽培イネの耕地にも侵入し，イネ属3, 4種が混生している状況が決してめずらしくなかったの

写真1 野生イネの自生地。A：*O. rufipogon* の多年生型，ベトナムのメコンデルタ。B：*O. rufipogon* の一年生型，タイのサラブリ近く。C：地下茎で殖える *O. longistaminata*，ナイジェリア北部。D：池の周辺に分布する *O. barthii*，ナイジェリア北部。E：水面に浮かぶ *O. glumaepatula*，アマゾンのネグロ川。F：*O. meridionalis*，オーストラリアのダーウィン。

が強い印象に残っている。

O. glumaepatula は中南米に広く分布するが，そのなかにはアマゾン川のように年間 10 m 以上も水位が増減する特異な環境に生育しているものもある。オーストラリアの北部は熱帯に属し，こんな所にも野生イネが分布する。O. meridionalis の自生地は，雨期には湛水する低地だが，水の深さは最大 50 cm くらいで，乾期には完全に乾燥する場所である。

2. 発芽の「時」を待つ

野生イネには，一年生で100%種子で繁殖する O. barthii や O. meridionalis のような種もあるし，多年生で栄養繁殖を主とする O. longistaminata のような種もある。また O. rufipogon や O. glumaepatula では，同じ種でも系統によって種子繁殖の重要度に連続的な変異がある。通常は栄養繁殖している集団でも，ときどき行なう種子繁殖は，遺伝的組換えを通して進化的変化を促すという意味で重要である。

埋土種子の運命

地表面に落ちた種子は動物に食べられてしまうことが多く，次世代に貢献できるのは安全な土のなかに逃げ込むことができた種子である。埋土種子の数を苦労して数えたことがある。たとえば，バンコク近郊の O. rufipogon の一年生集団では，種子が成熟し全部脱粒した 1〜2 月には，平均して 1 m² あたり完全な種子が 1340 個，動物に食われたらしいのが 1680 個あった。雨期が始まって幼植物が芽生えてくる 5〜6 月には 250 個になっていた。このときに観察された実生個体は約 180 個体だった。埋土種子の大部分は翌シーズンに発芽し，さらに次のシーズンにまで持ち越されるのは 10 分の 1 位と思われる。他方，近くの多年生型集団では埋土種子も実生の幼植物もほとんど見つけられなかった。一年生・多年生中間型の集団では，1〜2 月に 1 m² あたり埋土種子は 500〜2400 個あったのが，発芽後の 6 月には 80〜110 個になっていた。実生個体が 21〜83 株，前年の株から発生した個体も 2 株あった。一年生型集団に比べて，明らかに発芽率は低く，これは親植物が地表面

種子の休眠と寿命

　新しい野生イネの種子を発芽させようとして苦労した人は多いだろう。栽培イネとは違って，野生イネの種子は強い休眠性をもち，数カ月たってぽつぽつ発芽可能になるのが普通である。休眠の強さは種や系統によって違うが，一般的には一年生系統の方が多年生系統より強い休眠性をもっている。これは種子繁殖を成功させるためには休眠性が必要だからであろう。野生イネの種子のもうひとつの特徴は，発芽が不ぞろいであることで，これは1個体につく種子のひとつひとつが休眠性の程度が違うためと思われる。実験圃場に植えられた1株の一年生型 *O. rufipogon* から秋に自然散布された種子を翌年2月に土中から掘りだし，室温で保存した後に6月に温室内で播種した例がある (Oka, 1990)。5日目に13%が発芽し，その後少しずつ発芽を続け，35日目にやっと38%になった。種子多型といわれるこのような性質は野生植物によくみられ，不安定な自然環境下で一度に全部発芽してしまう危険を回避するための策と考えられる。

　アジアやアフリカの多くの野生イネ集団では，乾期の初めに散布された種子のうち首尾よく土中に潜り込めたものは半年ほど土のなかで眠り，翌シーズンの雨期の到来を待って発芽する。一方アマゾンの *O. glumaepatula* は，後でまた触れるが，種子は水中に落ちて川底で眠り，9月の減水期に川岸の地表が現われると，緑の絨毯を敷きつめたようにいっせいに発芽する。

　乾いた土中で眠って雨期を感じて発芽するもの，水中で眠っていて束の間の乾燥を利用して発芽するもの，さまざまだが，いずれも乾燥条件と湿潤条件の交替の時期を的確に利用して発芽している。

　収穫したばかりの多数の系統の種子をいろいろな条件に貯蔵し，ときどきその一部分を取りだしては発芽実験をやってみたところ，水中で保存した場合にアジアと南米の系統はずいぶん違う反応を示した。*O. rufipogon* の系統は，水中で保存すると1年後にはほぼ完全に発芽したが，徐々に発芽力は低下し3年後には半分以下の発芽率になった。ところが *O. glumaepatula* のアマゾン系統は，3年4カ月後に90%以上が発芽した。湿度16%，25°Cの室

内で1年間保存した場合は，*O. rufipogon*，*O. glumaepatula* 共に発芽率は30％以下に落ちていた。休眠している野生イネを強制的に発芽させるために，よく私たちは乾いた種子を高温処理するのだが，アマゾンから採集してきたばかりの種子を高温処理したところ，しなかったものに比べてかえって発芽率が低い傾向があった。どうやら，水のなかで発芽の時を待つ種子には乾燥は禁物らしい。

3．いつ花を咲かせるか

植物にとっていつ花を咲かせるかは重大問題である。イネは基本的には短日性植物で，日長が短くなるのを感じて花芽が分化し出穂にいたる。出穂までの日数を決めるのは基本栄養生長期間と感光性である。感光性にはさらに日長時間の変化に対する敏感さと花芽形成に必要な限界日長時間のふたつの要因がある。どれも連続変異を示す量的形質である。各地で採集された *O. rufipogon* 系統の感光性程度と限界日長時間を調べ，採集地の緯度との関係をみると，緯度が低い所の系統ほど感光性が強く（日長時間の変化に敏感），限界日長時間は短い傾向がはっきりした(Oka and Chang, 1960)。この緯度的勾配は，各地の野生イネがそれぞれの自生地で乾燥が始まる季節に開花するのがもっとも都合がよく，そのような自然淘汰を受けてきたことを意味する。

外国へ採集に行く私たちにとって，緯度からだいたいの開花期を予測できるのはありがたい。ところが問題は赤道付近だ。日長反応の緯度勾配の直線を延ばすと赤道直下の野生イネは感光性がひじょうに強く限界日長時間が短いことになるが，実際には年間の日長時間はほとんど変化しないわけで，そこの植物にとって日長に反応する意味はない。赤道近くで採集した野生イネを日本で栽培するとなかなか出穂しなくて苦労するが，現地ではちゃんと出穂している。ところが，同じ場所の集団でも年によって半年も違う時期に開花していたり，すぐ近くの2集団が一方は開花最盛期なのに，他方はまだ幼植物であったりする。高緯度地帯では考えられないことだ。それぞれの場所の水条件に規定される栄養生長の段階が関係していると思われる。野生イネ

に限らず，赤道近くの植物の開花期がどんな要因によって支配されているかはまだまだわからないことが多い。

基本栄養生長期間はそれぞれの系統で遺伝的に決まっている性質で，一番早く出穂するような環境(強い短日条件)での播種から出穂までの日数で表わすのが普通だが，これも実は外的・内的条件によって左右される。同じ系統でも疎植したら穂がでたのに，密植では穂がでない。多年生型はそうなのだが，一年生型は疎植でも密植でもほぼ同じころにちゃんと小さな穂をつけた。多年生型は種子をつけることに気難しいが，一年生型は条件が悪くてもとにかく1粒でも種子を残したいと必死なのだろう。ベンガル地方のイネでラヤダと呼ばれる品種群がある。12月ごろに種蒔きし収穫は翌年の年末という変わったイネで，ほぼ1年近くも水田にいる。日本の夏に短日処理をして栽培したら5カ月ほどで出穂した。ベンガルの冬から春にかけての短日の季節になぜ出穂しないのか不思議だったが，これは低温下では基本栄養生長期間が延びて短日に反応しないためらしい。

葉芽がどんなシグナルを感じて花芽になるかはまだ完全にはわかっていない。また多様な自生地の環境条件に都合のよい開花日を決めるために，植物たちはさらにどんな微調整をしているのだろう。これらの問題は研究者を魅了してやまない。

4．交配システム

栽培イネは自殖性作物といわれるとおりほとんど自殖していて，ほかの個体からの花粉を受けいれるのは2〜3％以下である。他方，野生イネは種々の程度に他殖する。現地で自然集団が何％他殖しているかを正確に知るのは簡単ではないが，いろいろな方法による調査から，*O. rufipogon* と *O. glumaepatula* は種内に5〜60％くらいの他殖率の変異があること，*O. barthii* では他殖は10〜20％くらい，*O. longistaminata* は部分的自家不和合の傾向がありほとんど他殖していることなどがわかった(Oka and Morishima, 1967; Morishima and Barbier, 1990)。

野生イネを栽培イネと比べると，風媒で他殖をするのに都合のいい花の形

写真2 多年生型 *O. rufipogon* の小穂(A)と穂(B)。頴花の外に抽出する大きい雄しべと雌しべ。

や咲き方を工夫していることに気がつく(写真2)。栽培イネは，花が開くのとほぼ同時かその前に葯から花粉が飛びだして自殖する。ところが野生イネは花粉がたくさんつまった大きな葯と外に突きでる大きな柱頭をもち，花が開いてもすぐには花粉が飛びださず，そのあいだにほかの個体から飛んできた花粉で受精してしまう割合が高い。

　高等植物では，一般に他殖性の方が原始的で自殖性は後から生じたと考えられている。イネ属でもそうであろう。なぜ自殖性が進化したかについては，多くの進化遺伝学者が昔から興味をもち，今でも論文が書き続けられている。他殖性の集団のなかに突然変異で自殖性の個体が生まれたと考えてみよう。自殖個体は花粉を自分の子どもをつくるのに使うだけでなく，ほかの個体にも送粉することができるので，自分の受精にはかかわることができずほかの個体にしか送粉できない他殖個体に比べて有利になる。したがって理論的には集団中に自殖性の遺伝子がどんどん増えることになる。ところが，実際には必ずしもそうならないのは，近交弱勢(自殖弱勢)という現象があるからだ。植物の交配システムの進化は，近交弱勢が弱ければ(近交弱勢の程度* が0.5以下なら)自殖へ，強ければ(0.5以上なら)他殖の方向へ向かうと考えられる(Lande and Schemske, 1985)。この理論に従えば，自殖か他殖

のいずれかへ進化は向かい，中間的な集団は少なくなると考えられるが，実際には野生イネのように部分他殖性あるいは混殖性を示す植物は多い。

自殖や他殖をした植物の次代がどんな適応度[*2]を示すかは，交配システムの進化を考えるうえで重要である。しかし自然環境での適応度を直接測るのは難しいので，次のような理論を利用して近交弱勢の程度を推定した。部分他殖集団の近交係数 F [*3] は親から種子ができるあいだに自殖(s)によって F' に増加し，次いで自殖個体にかかる自然淘汰によって F'' に減少すると仮定すると，次の式で近交弱勢の程度を推定することができる(Ritland, 1990)。

$$\hat{\delta}=1-(1-s)F''/\{F'-F''+(1-s)F''\}$$

O. rufipogon 4集団のアイソザイムのデータから求めた自殖率と2つの異なる時期のサンプルで推定した近交係数を用いて，この δ を求めた(表1)。期待されたように，自殖的な2集団では低い値が，また部分他殖をしている集団では0.5に近い値が得られた。

表1 野生イネ *O. rufipogon* 自然集団における他殖率と近交弱勢の推定

集団	他殖率 $\hat{t}$	近交係数 $\hat{F}'$	$\hat{F}''$	近交弱勢 $\hat{\delta}$
NE3	0.10	0.721	0.534	0.280
NE4	0.04	0.955	0.877	0.085
CP20	0.56	0.251	0.190	0.422
NE88	0.51	0.751	0.360	0.681

---

* ［28頁の注］ 近親交配や自殖を続けてゆくと生存力や繁殖力が低くなる現象。その程度は，他殖をした場合に比べてどの程度生存力が低下するかの割合 δ で示す。
* [*2] 自然淘汰に対する個体の有利・不利の程度。簡単にいえば，個体あたりの次代に寄与する子どもの数で表わす。
* [*3] 近親交配や自殖によって個体のホモ接合度が増えヘテロ接合度が減少する。ランダム交配から期待される状態からのヘテロ接合度の減少率を近交係数という。1個体のもつふたつの相同遺伝子が共通の祖先遺伝子に由来する確率とも定義される。

5. 移動の手段

　花粉に乗った遺伝子が遠くへ運ばれることを別にすると，いったん根を下ろしたらもう動けない植物にとって，生育場所を変えることのできる機会のほとんどは種子の時期にやってくる。野生イネの種子は風で遠くへ運ばれるほど軽くはないので，大部分は母植物の周辺に散布される。地中に潜るのに役立つ細かい剛毛のある長い芒は，動物の体にくっついて運ばれることにも役立つ。一年生で種子繁殖をしている種や生態型がよく発達した芒をもっているのは，種子散布の果たす役割が大きいからであろう。

　種子が水面に落ちて水の流れに乗って移動することはよくある。野生イネが自生する池の近くで，そこから流れでる小さな水路にそって点々と野生イネが生えているのをよく見る。南米の *Oryza glumaepatula* を実験条件下でテストしたとき，アマゾンの系統だけが，強い風が吹いたりちょっと触ったりするだけで，茎がポキンとすぐ折れるので不思議に思っていた。台風の翌朝は水田一面に折れた茎が漂い，もとの株は丸坊主だ。この疑問はアマゾン調査にでかける機会がめぐってきてやっと解決した。増水期に節間伸長が追いつかなくなった *O. glumaepatula* は茎が途中で折れて上の部分は完全な根なし草になって水面を漂う。そして移動しながら出穂開花を続け種子を水中へ落とす。熱帯アジアの大河で根から抜けたり茎が折れたりして水に流されてゆく野生イネを見かけることはあるが，それとは違う性質だと思う。アマゾンの系統は各節の5mmくらい上の所に離層ができ，折れるのは必ずそこからである。

　ブラジル南部パンタナールの野生イネ *O. glumaepatula* にはびっくりした。ここで採集された系統はどれもこれも成熟種子が籾がらの半分くらいの大きさしかないのだ。だから軽くて，水に沈めようと思っても沈まない。イネ属の種子は，*O. barthii* のように1cmくらいのものもあり，*O. minuta* の種子は5mm以下と大小さまざまあるが，大きければ大きいなりに，小さければ小さいなりに，種子は頴のなかにいっぱいつまっている。なかが半分近くがらんどうのこんな変なイネは今まで見たことがない。パンタナールは川

ではなくて大湿原である。浮き袋をもった野生イネの種子が水面に浮いて漂っている姿を想像するが，この小さな種子のもつ本当の意味をまだ私たちは知らない。

野生イネのことを現地語で何というかと聞くと，世界中どこでも「鳥のコメ」という答えが返ってくることが多い。鳥に食べられそして消化されなかった種子が遠くへ旅をして糞といっしょに散布されることは多いだろう。アマゾンでは，鳥だけでなく草食魚やカメが野生イネの種子を食べる。下流に猟に行って取ってきたカメの内臓を捨てた所から野生イネが生えてきたとアマゾン上流の部落で聞いた。アマゾン川の野生イネは水に乗って下流へ旅するのが普通だが，動物のおかげで上流にも移動する機会があるようだ。

6．生活史と繁殖戦略：ある実験的試み

野生イネの本当の生活史を知るには自生地に滞在してきめ細かい調査をする必要があるが，外国にたびたびでかけることは私たちには無理であった。何とか国内で自然繁殖する集団を研究したいと，野生イネが越冬できそうな石垣島で導入実験を試みたことがある（森島ほか，1985）。「日本にも野生イネがあった！」と後世の人をまどわせてはいけないと，実験の目的や計画を市役所に残した。公園のなかの山地に棚田のような場所を作り，田植えしてあとは放任という計画である。試験的に植えた *O. rufipogon* の数系統のうちで多年生型の1系統が生き残り15年以上も繁殖を続けて定着するかにみえたが，その計画を知る市の担当者も代替わりし，ヤシの樹が植えられてしまった。初めのころは何とか生きていた野生イネも，だんだんヤシの樹が大きくなって林床が暗くなるにつれて勢いがなくなり，ついに最後の1株も消えた。

それでも懲りずに今度は小浜島の放棄田を借りて，同じような実験をやってみた。ここでも一年生系統はすぐ消滅した。多年生系統は10年ほど生存したが，ほかの多年草との競争に負けて絶滅した。結局，自然集団の動態を研究する夢はかなえられなかったが，この野生イネは陽地が好きだということ，そしておそらくは厳しい乾期をもたない環境では一年生型は繁殖し続け

られないことだけはわかった。
　同じような目的の実験が台湾でも行なわれた(Oka, 1992)。*O. rufipogon* の多年生型，一年生型，中間型の3集団を台湾の5カ所に植えて自然繁殖させ，野生イネと雑草のバイオマス，集団密度，埋土種子数，発芽数，1個体の種子生産数などが調査された。5年間にわたる観察の結果わかったことは，(1)多年生型集団は種子からの個体はほとんど発生しなかったが，栄養繁殖を続け集団は大きくなった，(2)一年生型は大量の種子を散布し埋土種子集団をつくったが，翌シーズンはまったく発芽しなかった，(3)多年生・一年生中間型は，成熟後枯れた茎葉で地表を覆って雑草の発生を抑え，翌年は種子からの発芽個体も前年の株と共に新しい集団の構成員になった，ことなどである。このように，違う生活史をもつ集団は繁殖戦略も大きく異なることが明らかになった。

7. 環境と生活史とすみわけ

　イネ属の種は有性繁殖と無性(栄養)繁殖の両方を行なうことができる。一年生作物と思われている栽培イネでも収穫後に温度や水が十分あれば生き続けて穂をだすことができる。しかし，種子をつくるのにエネルギーの大部分を消費してしまうので，栄養繁殖力は低い。植物体全重のうち種子重が占める割合を収穫指数あるいは再生産効率といい，種子生産に費やされるこのエネルギーの配分率は種子繁殖の重要度を表わすのに役立つ。野生イネでは種や系統によってこの指数が5～60％と大きく異なる(Sano and Morishima, 1982)。植物がその生長に使えるエネルギーには限りがあり，ひとつのことに多くのネルギーを使えばほかのことに使えるエネルギーが少なくなるのは当然だ。あちらをたてればこちらがたたずのこういう関係をトレードオフというが，有性繁殖力と栄養繁殖力のあいだにもこの関係がある。

　自然集団が実際にどれくらいの割合で種子繁殖と栄養繁殖をしているかを知るのに私たちがやったのは，雨期が始まって幼植物がいっせいに現われるころ現地へ行って，1本ずつ掘ってみるという原始的な方法だ。実生個体はまだ根元に種子の抜け殻をつけている。栄養繁殖個体は前年の株の茎から発

生しているのがわかる．1 m² の方形区をいくつも設けて苦労して数えた結果，100％種子由来の集団，100％栄養茎由来の集団，両方が混ざっている集団があることを確認した．

　有性繁殖と無性繁殖のどちらが進化的に有利かは繰り返し議論されてきた．有性繁殖では自分の遺伝子の半分しか子どもに伝えられないが，無性繁殖では自分の遺伝子をそっくりそのまま子どもに伝えられるので，単純に考えると無性繁殖の方が2倍有利のはずである．ところが実際には有性繁殖をする植物の方が多い．これは，有性繁殖では遺伝子を組換えて親とは違ういろいろな子どもを分離することができるからである．とくに環境が変わりやすい場所では有性繁殖の方が有利であろう．

　O. rufipogon の多年生型(無性繁殖)と一年生型(有性繁殖)の自生地を比べてみると，ふたつの繁殖様式が有利になる対照的な環境条件が浮かびあがってくる．多年生型は深水で比較的安定した環境に多いのに対し，一年生型は浅水で乾期には干上がり，人間や家畜に撹乱されやすい場所に多い．多年生型と一年生型とは繁殖方法が違うばかりでなく，前者は他殖率が高く，栄養繁殖力が強く，種子散布能力はそれほど高くなく，開花期は遅い．一年生型はこれとはちょうど反対の対照的な特徴の組合せを示す(表2)．深水の安定環境では，長い栄養生長期を過ごして競争力の強い頑丈な植物体をつくり，

表2　野生イネ *O. rufipogon* の多年生型と一年生型の比較

特　　性	多年生型	一年生型
繁殖システム		
無性生殖の能力	高い	低い
種子の生産力	低い	高い
種子の休眠性	弱い	強い
芒の発達	発達が悪い	よく発達している
他殖率	高い	低い
開花期	遅い	早い
ほかの種との競争力	強い	弱い
集団の遺伝的性質		
集団のあいだの違い	小さい	大きい
集団のなかの変異	大きい	小さい
個体のヘテロ性	高い	低い
不稔性	高い	低い

自分と同じタイプを居続けさせられる多年生型が有利であろう．他方，浅水の撹乱環境では，早く種子をたくさんつくり都合が悪くなればすぐにほかの新しいすみかを見つけられる一年生型が有利であろう．長期居座り型と短期放浪型である．

このようにさまざまな生活史特性を都合のよいように組合せて環境に適応していることを，適応戦略と呼ぶ．とくに，種子繁殖力が高いほど自殖率が高いという繁殖様式と交配様式との相関(図1)は，集団の遺伝的構造にも大きな影響を与える．他殖的多年生型の集団は集団間の分化はそれほど顕著ではなくむしろ集団内に多量の遺伝的変異を蓄積する．他方，自殖的一年生型の集団は，集団間の分化が顕著だが集団内は比較的均一である(表2)．

O. rufipogon の種内で見出されたこのような適応戦略の分化は，AAゲノムの種間変異の様相にもあてはまる．*O. longistaminata*，多年生型 *O. rufipogon*，アマゾン以外の *O. glumaepatula* が多年生型の特性組合せをもつのに対し，*O. barthii*，*O. meridionalis*，一年生型 *O. rufipogon*，アマゾンの *O. glumaepatula* は一年生型の特性組合せをもつ(Akimoto, 1999)．

O. rufipogon の多年生型は熱帯から亜熱帯にかけてのアジアに広く分布し

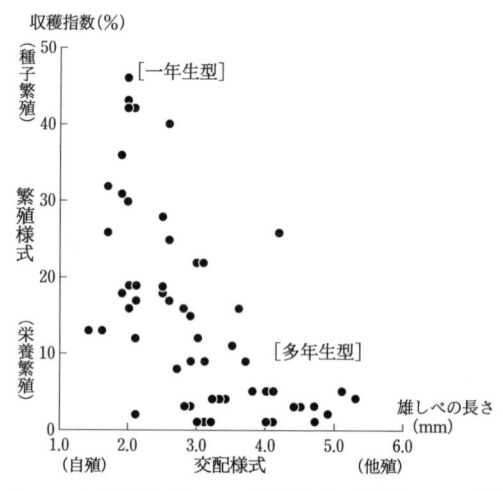

図1 *O. rufipogon* の系統間に見られる繁殖様式と交配様式との関係．他殖率が高いほど(雄しべが長いほど)種子繁殖力が低く栄養繁殖力が高い．

ているが，一年生型の分布は熱帯大陸部に限られている．その両者が共存している地域で，ふたつの生態型がそれぞれに有利な深水環境と浅水環境にすみわけているのは理解しやすい．ところが，ほかの大陸で同じ地域に分布する多年生種と一年生種のあいだにも似たようなすみわけが見つかるかと期待したがそうではなかった．西アフリカの調査旅行で，多年生の *O. longistaminata* と一年生の *O. barthii* の生育環境にどうしても違いを見つけられなかった．サバンナの長く厳しい乾期を，*O. longistaminata* は地中深く潜った地下茎によって，また *O. barthii* は地中に埋もれた種子によって生き延びているのであろう．

　中南米に広く分布する *O. glumaepatula* は多年生から一年生までの広い変異があるが，アマゾンに生育する集団はどうやら種子繁殖を主とし一年生植物として生きているようである．この種がアマゾンではCCDDゲノムをもつ多年生の四倍体種 *O. grandiglumis* と共存している．両種が隣りあって生育している所も見た．先に述べたように，*O. glumaepatula* は浮きイネになって河の急激な増水に対処し，水中に落ちた種子は水底で眠った後，減水期に水の引いた川岸で発芽する．他方，*O. grandiglumis* はどんどん節間伸長することで増水に対応し，再生力の強い各節から不定芽をだして翌シーズンの生長を始める多年生植物である．

　オーストラリアのAAゲノム種として知られていたのは一年生の *O. meridionalis* だけであったが，最近になって多年生の *O. rufipogon* も近くに分布していることがわかった．同所的な *O. australiensis* も多年生的な傾向をもつ種である．オーストラリアの野生イネの生活史についてはまだあまりよくわかっていない．

　同じ種に属するふたつの生態型が共存すれば互いのあいだに遺伝子流動が起こるだろうから，*O. rufipogon* に見られるように場所をすみわけている．それに対し，ふたつの異なる種は共存しても遺伝子流動は起こりにくい．だから彼らは同所的に生存でき，同じ環境を違う方法で利用しながら共存していると考えたい．いわゆるニッチェを異にするのであろう．

8. 適応戦略の遺伝学

　野生イネの種間および種内で発達しているもっとも顕著な形質分化は多年生と一年生という生活史の分化を反映していて，これは適応戦略の分化でもあることは先に述べた。そこで栽培イネとその野生祖先種を生活史特性という観点から比較してみると，野生イネが自然環境で自力で繁殖するために必要なさまざまな特性を組合せた適応戦略をもっているのに対し，栽培イネは人間によって栽培されるのに都合のよい特性を合せもっていることがはっきりわかる。

　栽培化と共に意識的・無意識的に選ばれてきたこれらの特性のセットは(表3)，穀物の野生型と栽培型を比べたときに共通に見られるもので，栽培化シンドローム(domestication syndrome)と呼ばれる(Harlan, 1975)。それらの特性の遺伝的基礎と相互の結びつきのメカニズムは十分には開明されていない。野生型と栽培型とのあいだで差を示すこれらの形質はすべて量的形質で，雑種後代では連続的変異を示すので，その遺伝的解析には統計遺伝学の手法が用いられてきた。しかし分子遺伝学の発展がもたらした多数の分子マーカの開発は，それまでは仮想的なものであった量的形質の遺伝子を物質的な存在として染色体上に位置づけることを可能にし，栽培化シンドロームの遺伝的解析にも新しい道を開いた。

　私たちはインド型栽培イネ(*O. sativa*)と日本型的な形質や遺伝子をもつ多年生野生イネ(*O. rufipogon*)との交雑から組換え自殖系統を作成し，多数のRFLPやアイソザイム遺伝子を12本のイネ染色体上に位置づけ，さらに両

表3 穀物の栽培化にともなって変化した性質のセット(栽培化シンドローム)

形　質	野生型	栽培型
種子の脱落性	脱落する	脱落しない
種子の休眠性	強い	弱い
種子の大きさ	小さい	大きい
種子の稔実率	低い	高い
穂の数・種子の数	少ない	多い
生長・成熟の一様性	そろわない	よくそろう

親系統のあいだで差がある多数の量的形質の遺伝子(quantitative trait loci: QTL)の検出を試みた(Cai and Morishima, 2002)。その結果，24の形質でQTLを検出することができたが，驚いたことに栽培化シンドロームを構成する形質の遺伝子，たとえば脱粒性，休眠性，長い芒，長い葯などを支配するQTLがいくつかの染色体の特定の場所にかたまって位置づけられた。そういうクラスターが12本の染色体のあちこちに見つかった。一例を図2に示す。私たちの実験だけでなく，外国でも似たような結果が，イネや雑草イネでも(Xiong et al., 1999; Bres-Patry et al., 2001)，トウモロコシ(Khavkin and Coe, 1997)，キビ(Joly and Sarr, 1985)，インゲンマメ(Koinange et al., 1996)などでも報告された。

また予期しなかったことだが，私たちの実験では，栽培イネのなかにみられる2大品種群インディカ型とジャポニカ型の差を構成する形質セットのQTLもクラスターをつくっている傾向があり，それらは栽培化シンドロー

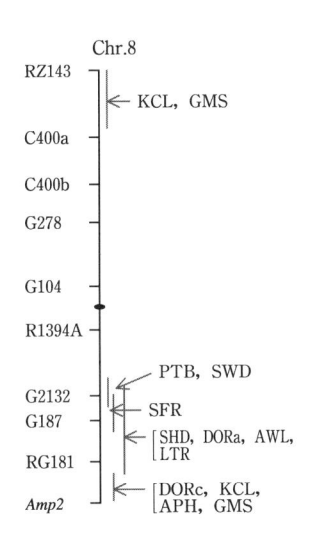

図2 イネ第8染色体の連鎖地図(Cai and Morishima, 2002より)。左側は分子マーカー，染色体上の紡錘形は動原体の位置，右側は位置づけられたQTL。QTLの略号は，KCL：塩素酸カリ抵抗性，GMS：発芽速度，PTB：穂首から一番下の枝梗までの長さ，SWD：種子の幅，SFR：種子稔性，SHD：脱粒性，DOR：休眠性，AWL：芒長，LTR：低温抵抗性，APH：稃毛長。四角の囲みは野生型/栽培型の判別形質，下線はインディカ型/ジャポニカ型の判別形質。

ムのクラスターの近くに見つかった。残念ながら多年生と一年生を特徴づける適応的形質セットのQTLの検出はあまり成功しなかった。これは私たちの交雑の両親が多年生と一年生の差を検出するには適当な系統ではなかったからであろう。

　このように近縁種間の差を構成するQTLがあちこちにクラスターをつくっている現象をどう理解したらいいのだろうか。近縁の種や生態型のあいだの交雑では両親を特徴づける特定の形質組合せがF_2でも残ることは古くから知られていた(Clausen and Hiesey, 1958)。この現象をGrant(1981)は，複数の量的形質を考えたときに，それらの多数の遺伝子は限られた数の染色体上に分布することになり，異なる形質の遺伝子が必然的に連鎖する(multifactorial linkages)ことで説明した。栽培化シンドロームのクラスターにもこの考えは適用できるだろう。また，栽培化の長い過程のなかでそれらのクラスターが自然淘汰の対象になったことは疑いない。さらに私たちの実験では，連鎖のように見えるQTLのクラスターの一部には，多面発現をする遺伝子がかかわっていることを示唆する結果も得られた。残された問題は多い。

　野生イネの進化遺伝学・生態遺伝学に関する一般的参考書，参考文献としては，Oka(1988)，Morishima et al.(1992)，Morishima(2001)，森島(2001)などがある。また1957～1997年のあいだに国立遺伝学研究所のグループが中心となって行なった世界各地の野生イネ調査旅行の報告書は復刻合本されている(Morishima, 2002)。

第2章 種子とクローンの両方で殖える集団の遺伝理論

京都産業大学・米澤勝衛

1. 研究の動機

　花粉の飛散距離が小さい植物や移動範囲が狭い動物にとっては，新しい生息地を開拓するときや大規模な撹乱から回復するときのように個体密度が低い条件下で交配相手を見つけることは難しい。このため，自殖や無性(または栄養)繁殖のような一親性の繁殖ができることはたいへん有利な特性である。無性繁殖は繁殖のための資源が少なくてすむので，とくに有利であろう。実際，植物と下等動物のなかには，部分的にあるいは全面的に無性繁殖を行なう種が少なくない(Harper, 1977；森島，1982；Richards, 1986)。本書のタイトルにある野生イネは，種子とクローンで繁殖する生物のひとつである(Oka, 1988)。しかし，このような生物が広く見られるにもかかわらず，無性繁殖の遺伝的あるいは進化的影響を解析するための遺伝理論はつくられていない。無性繁殖だけを行なう個体の集まりならば遺伝学的には集団ではないので，とりたてて遺伝理論を築く必要もないと思われる。しかしわずかでも遺伝子を交換しあっている個体からなる集団ならば，それはひとつの繁殖共同体すなわちメンデル集団を構成し，有性繁殖だけを行なう集団とは違った遺伝的あるいは進化的構造をもつはずである。この点を明らかにすることは，生物進化の遺伝理論の内容を広げる意味で，また生物集団の維持・管理方策をたてるといった実用面でも有意義である。

このように考えて私は，有性繁殖と無性繁殖を併用する集団の遺伝理論，とくに集団の有効な大きさの定式化を行なった（Yonezawa, 1997; Yonezawa et al., 2000）。その結果を紹介することが私に与えられた課題であったが，そのことよりも，「集団の有効な大きさ」そのものの説明に多くの紙数を費やしてしまった。本章のタイトルからすればバランスを欠くことではあるが，理論になじみが薄いと思われる本書の多くの読者にとってはその方が有益であると考え，敢えて原稿を修正しなかった。記述にあたっては簡明さを心がけたが，私の力不足で多くの読者にとって理解し難い箇所が多いかと思う。所々に現われる数式は飛ばして文章だけをたどって頂くようにすれば，少しは読みやすいかと思う。一読後，本式に集団遺伝学の理論を勉強してみたいと思われた方は，入門書としてはクロー(1989)，ファルコナー(1993)，より専門性が高いものとしてはWright(1969)，Crow and Kimura(1970)，Hartl and Clark(1989)，根井(1993)などの教科書を読んでいただきたい。

2. 集団の有効な大きさとは

　集団の遺伝理論は，一口にいえば，集団の遺伝構成が世代の経過とともにどのように推移するかを解析するための理論である。集団の遺伝構成の捉え方にはふたつあり，ひとつは，質的形質の場合のように，関与する遺伝子座の遺伝子頻度や遺伝子型頻度で捉える方法である。もうひとつは，量的形質の場合のように，形質値の平均値や遺伝分散あるいは遺伝率などのパラメータで捉える方法である。これらのいずれの値も，作用のし方が毎世代変わらない決定論的あるいは組織的(deterministic)要因と毎世代偶然変動する確率(論)的あるいは機会的(stochastic)要因の影響を受けて世代とともに変化する。生息地が限定された小さな生物集団では後者の要因の方が強く働くので，その影響を数量的に把握することは，保全管理策をたてる場合などにたいへん重要である。

　確率(論)的要因の影響をみるための理論は，数学的な取り扱いがもっとも容易な，後述する理想集団を前提にして構築されている。しかし，理想集団は現実には存在しない。理想集団の理論を理想集団でない現実の集団に適用

するための数学的装置としてWright(1931)によって導入されたのが，集団の有効な大きさと呼ばれるパラメータである。このパラメータをいろいろな交配・繁殖様式をもつ現実集団について定式化することは，集団遺伝学の創立期以来の重要な研究課題である(Caballero, 1994; Wang and Caballero, 1999)。集団の有効な大きさは，遺伝子頻度の偶然変動に注目して定める場合と，集団の遺伝構造(近交係数*)の変化に注目して定める場合がある。

遺伝子頻度の変動から定義される集団の有効な大きさ

いま，ふたつの対立遺伝子 A_1 と A_2 が分離している遺伝子座に注目すると，二倍体生物の集団であれば，その遺伝構成は，

$A_1A_1 : p^2 + pq\alpha,$
$A_1A_2 : 2pq(1-\alpha),$
$A_2A_2 : q^2 + pq\alpha,$

と表わすことができる。p と $q(=1-p)$ は，個体の仕切りを取り払って遺伝子単位で数えたときの A_1 と A_2 の相対頻度である。α はいわゆるHardy-Weinberg比率[*2]からの隔たりの程度を示すパラメータであり，「各個体がもつふたつの対立遺伝子が同じか否かの程度を示す相関係数」に等しい。α は，理論的には-1から$+1$までの値をとることができ，-1のときは同じ対立遺伝子が結合したホモ個体がまったく存在しない(このとき $p=q=0.5$)状態を，0のときは A_1 と A_2 が完全に無作為に結合している状態を，また$+1$のときは同じ対立遺伝子だけが結合していてヘテロ個体がまったく存在しない状態を表わす。Hardy-Weinberg比率からの隔たりを生じさせる要因は選択交配と近親交配である。負の選択交配(表現型が似ている個体を回避する交配)や負の近親交配(血縁のある個体を回避する交配)が起こる集団では，α は負の値をとる。逆に，正の選択交配(似た個体どうしが優先的に交配)

---

* 近親交配や自殖があるときはホモ個体の頻度が増えヘテロ個体の頻度が減少する。近交係数は，ランダム交配から期待される状態からのヘテロ個体の頻度の減少程度を示す値である。
[*2] 完全に無作為な交配で生じた集団で期待される遺伝子型の分離比のことで，遺伝子 A_1 と A_2 の頻度がそれぞれ p と q の場合は，本文式中の α を0としたときの分離比に等しい。

や正の近親交配(血縁のある個体どうしが優先的に交配)が起こる集団では正の値をとる。選択交配の影響は表現型を決める特定の遺伝子座だけに現われるのに対し，近親交配の影響はすべての遺伝子座に等しく現われるので生物学的影響がはるかに大きい。人為的に強い負の近親交配や選択交配を施さない限り，Hardy-Weinberg 比率からのずれはほとんどの場合正の近親交配(以下単に近親交配と呼ぶ)によると考えてよい。このとき α は近交係数と呼ばれ，通常 F で示される。近交係数は，「集団内の任意の1個体がもつふたつの対立遺伝子が共通の祖先対立遺伝子に由来する確率」とも定義できる値で，無作為交配を行なう大きな集団では 0，近親交配が進んでホモ個体だけになってしまった集団では 1 である。α や F は遺伝子頻度と遺伝子型頻度の関係を規定する値であるから，集団の遺伝構造を規定するパラメータであるといえる。

　遺伝子頻度 p は，突然変異，選択，外部からの遺伝子移入，遺伝的浮動の4つの要因の影響を受けて世代とともに変化する。前3つの要因は，作用力が毎世代変わらないという意味で決定論的あるいは組織的要因と呼び，最後の要因はその働きが世代によって偶然変動することから確率(論)的あるいは機会的要因と呼ばれる。いま，対立遺伝子 A_1 に注目すると，この遺伝子の頻度 p_t(t は世代を示す)の変化は，たとえば図1のように表わすことができる。個体数が無限大の均質な(生殖的隔離がなく生息環境も均一な)集団では確率(論)的要因は働かず，p_t は太線で示す軌道で変化しやがて一定の平衡値に到達する。太線の軌道は毎世代の突然変異率，選択のタイプと強さ，移入率によって一義的に決まる。仮に，この無限集団を同じ条件で再び元の状態から世代推移させれば，p_t はまた同じ軌道をたどる。その意味で，太線の軌道は決定論的な軌道である。

　この大集団を多数の有限集団に分割して世代を進めた場合は，有限集団全部の平均遺伝子頻度は太線の軌道をたどるが，個々の有限集団の遺伝子頻度 p_t は図1の細線で示すように上下にふらふらと浮動し，突然変異や移入がなくまたヘテロ個体 A_1A_2 に対する強い正の選択が働かない限り，最終的には頻度は1か0かのいずれかになる。p_t がこのように世代毎にふれる現象を遺伝的浮動と呼ぶ。このように，有限集団における遺伝子頻度の変化は，

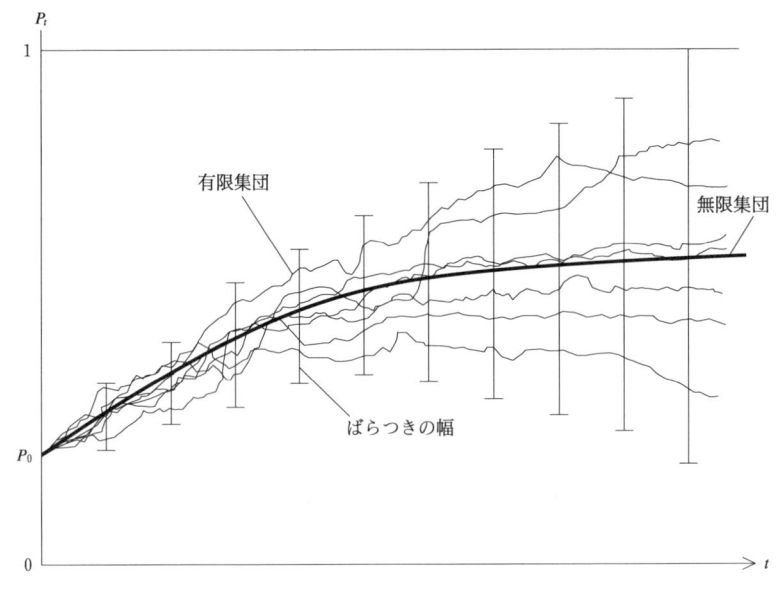

図1 無限集団と有限集団における遺伝子頻度(p_t)の世代推移の様相

太線の軌道を形成する決定論的な作用力と遺伝子頻度の偶然変動が作用しあって起こる。

　したがって有限集団では，ある世代数が経過した後の遺伝子頻度はひとつの値としては予測できず，どの値になる確率がいくらという形でしか予測できない。この確率の分布域は，毎世代生じる遺伝子頻度p_tの偶然変動の累積で決まる。世代毎の偶然変動の大小は，ひとつの有限集団から同じサイズの次代集団を多数つくったときに（実際はそんなことをするわけではないが思考実験で）生じる遺伝子頻度の分散（$V_{\Delta p}$）で表わされる。もちろん，$V_{\Delta p}$が大きいほど，一定世代数経過後に遺伝子頻度がとりうる値の分布域は広くなる。$V_{\Delta p}$は，理想集団の場合にもっとも簡単な式で表わすことができる。理想集団とは，次の6条件すなわち，(1)交配が機会的に起こる自殖も含めて完全に無作為に行なわれること，したがって雌雄同体あるいは同株個体の集団であること，(2)次代の形成にあずかる配偶子は全個体から無作為に抽出される（各個体が次代に伝える配偶子数がポアソン分布* する）こと，(3)個体数が毎世代一定であること，(4)世代が不連続であること，(5)二倍体集団であるこ

と，(6)選択，突然変異，移入などの決定論的な要因が働かないこと，を満たす集団のことである。

遺伝子頻度が p で個体数が N の理想集団の場合，次世代で起こる遺伝子頻度の偶然変動 $V_{\Delta p}$ は

$$V_{\Delta p} = pq/(2N) \tag{1}$$

で表わされ，t 世代たったときの遺伝子頻度の偶然変動の幅(分散)は

$$\sigma^2_{p(t)} = pq\left\{1-\left(1-\frac{1}{2N}\right)^t\right\} \tag{2}$$

である。

上の6条件が満たされない現実の集団においては，遺伝子頻度の偶然変動はこのような簡単な式で表わすことはできない。しかし幸いなことに，N が極端に小さくなければ(だいたい20以上)十分よい近似で，世代あたりの変動は

$$V_{\Delta p} = pq/\{2N/g(\cdot)\} \tag{3}$$

t 世代後の変動は

$$\sigma^2_{p(t)} = pq\left\{1-\left(1-\frac{1}{2N/g(\cdot)}\right)^t\right\} \tag{4}$$

の形で示すことができる。次節でみるように，式中の $g(\cdot)$ は，遺伝子頻度 p や個体数 N とは独立で，交配様式や各個体が次代に伝える配偶子数のばらつきなどで決まる値である。移入や強い選択が働いている遺伝子座の場合は，その影響も含まれる。

式(3)と(4)は，それぞれ式(1)と(2)の N を $N/g(\cdot)$ で置き換えたものに等し

---

* [43頁の注] 次代に x 個の配偶子を伝える個体の割合が $e^{-\lambda}\lambda^x/x!$ で示される場合をいう。ここで，e は自然対数の底で約 2.781 に等しい。λ は x の平均値で，集団を構成する個体数が毎世代一定の場合は2に等しい。ポアソン分布では，x の分散が平均値 λ に等しい。

い。このことは，遺伝子頻度の偶然変動に関しては，この集団は個体数が $N/g(\cdot)$ の理想集団と同等であり，したがって，ある世代数経過後の遺伝子頻度のばらつきは，個体数が $N/g(\cdot)$ の理想集団で起こるものと同じであることを意味する。この $N/g(\cdot)$ のことを，「変動に関する集団の有効な大きさ」(variance effective size) と呼び，N_{ev} で表わすことが多い。$g(\cdot)$ はほとんどの場合 1 より大きい値をとるので，通常 N_{ev} は実際の個体数 N より小さい。

近交係数の増加率から定義した集団の有効な大きさ

無限集団では交配が無作為であれば血縁関係にある個体のあいだで交配が起こるチャンスは無視でき，したがって，先の近交係数 F はいつまでも 0 のままである。しかし，この大集団を有限集団に分割すると，交配が無作為であっても各有限集団では共通の祖先をもつ個体どうしのいわば偶発的な近親交配が避けられず，その結果としてホモ化が進行する。分割後の有限集団が大きさ N の理想集団である場合，t 世代たったときの近交係数 F_t は，

$$F_t = \frac{1}{2N} + \left(1 - \frac{1}{2N}\right)F_{t-1} = 1 - \left(1 - \frac{1}{2N}\right)^t (1 - F_0) \tag{5}$$

で示される。F_0 は，出発世代の近交係数である。したがって，F_t は世代の経過とともにしだいに増加し最終的には 1 になる。

ここで付言すべき点は，この近交係数 F_t は個々の有限集団の遺伝構造 (Hardy-Weinberg 比率からの隔たり) を規定するパラメータではないという点である。図 2 に示すように，式(5)の F_t が規定するのは，個々の有限集団の遺伝構造ではなく，同一の無限集団に由来するすべての有限集団をプールしてひとつの集団としてみた場合の遺伝構造である。$F_t = 0$ の状態は全体として元の大集団と変わらない状態を，$F_t = 1$ の状態はヘテロ遺伝子型が消失して A_1A_1 と A_2A_2 の両ホモ遺伝子型だけになった状態を示す。各有限集団の側からみれば，F_t は遺伝構造を規定するのではなく，遺伝的浮動による特定対立遺伝子の集積あるいは消失の進行程度，すなわち，遺伝的固定の進行程度(下で述べる固定指数)を表わす。$F_t = 0$ の状態は，遺伝的浮動が

無作為交配無限集団

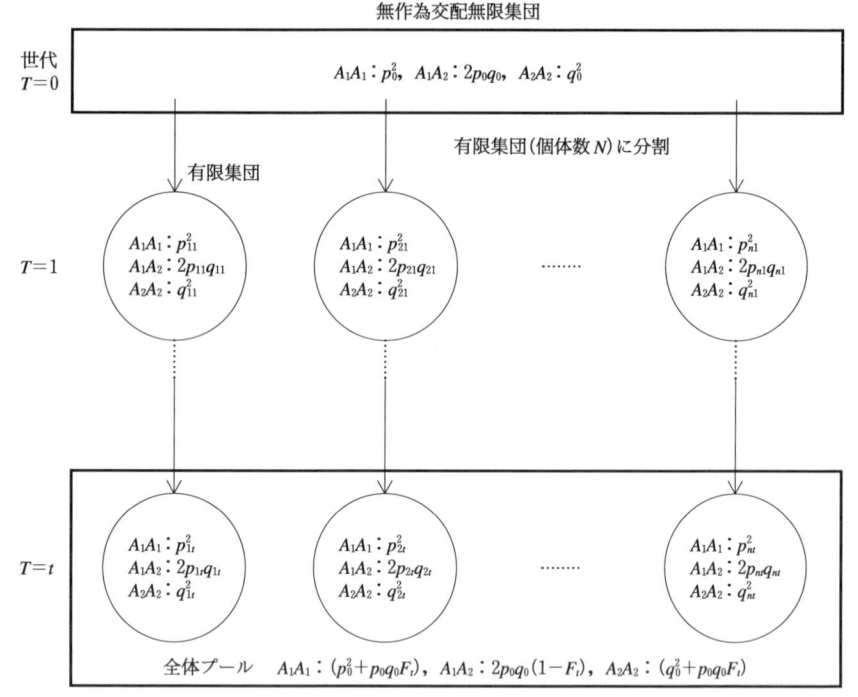

世代 $T=0$: $A_1A_1 : p_0^2$, $A_1A_2 : 2p_0q_0$, $A_2A_2 : q_0^2$

有限集団(個体数 N)に分割

$T=1$ 有限集団:
- $A_1A_1 : p_{11}^2$, $A_1A_2 : 2p_{11}q_{11}$, $A_2A_2 : q_{11}^2$
- $A_1A_1 : p_{21}^2$, $A_1A_2 : 2p_{21}q_{21}$, $A_2A_2 : q_{21}^2$
- ……
- $A_1A_1 : p_{n1}^2$, $A_1A_2 : 2p_{n1}q_{n1}$, $A_2A_2 : q_{n1}^2$

$T=t$:
- $A_1A_1 : p_{1t}^2$, $A_1A_2 : 2p_{1t}q_{1t}$, $A_2A_2 : q_{1t}^2$
- $A_1A_1 : p_{2t}^2$, $A_1A_2 : 2p_{2t}q_{2t}$, $A_2A_2 : q_{2t}^2$
- ……
- $A_1A_1 : p_{nt}^2$, $A_1A_2 : 2p_{nt}q_{nt}$, $A_2A_2 : q_{nt}^2$

全体プール $A_1A_1 : (p_0^2 + p_0q_0F_t)$, $A_1A_2 : 2p_0q_0(1-F_t)$, $A_2A_2 : (q_0^2 + p_0q_0F_t)$

図2 集団の有限化によるホモ化の進行。p_{ij}＝有限集団 i の世代 j における対立遺伝子 A_1 の頻度, q_{ij}＝有限集団 i の世代 j における対立遺伝子 A_2 の頻度($=1-p_{ij}$), F_t＝近交係数

まったく起こらず遺伝子頻度が元の大集団と等しい状態を示す。一方 $F_t=1$ の状態は，偶然の結果が累積して A_1A_1 または A_2A_2 のいずれかになった状態を示す。

分割後の有限集団が理想集団でない場合の遺伝構造の変化は，Wright の F 統計量と呼ばれる3つの近交係数，F_{IS}, F_{ST}, F_{IT}, を用いて表わすことができる(Wright, 1965)。F_{IS} は，各有限集団の平均的遺伝構造を示す近交係数で，集団の大きさ N に関係なく交配様式によって決まる。F_{ST} は，遺伝的浮動による各有限集団の遺伝的固定度を表わす値で，固定指数とも呼ばれる。固定指数は，「同一集団から無作為に抽出したふたつの対立遺伝子が同じ祖先遺伝子に由来する確率」に等しい。F_{IT} は，図2の F_t と同様，有限集団全部をひとつの大集団としてみたときの遺伝構造を規定する近交係数

で，各有限集団で起こる遺伝子頻度の偶然変動に近親交配の影響が付け加わって生じる近交係数である．換言すれば，F_{IT} は，F_{ST} で示される確率的近交の効果と F_{IS} で示されるいわば決定論的近交の効果が合成された効果を示す．どの世代についても，

$$(1-F_{IT})=(1-F_{IS})(1-F_{ST})$$

したがって，

$$F_{IT}=F_{IS}+F_{ST}-F_{IS}\times F_{ST}$$

の関係が成立する．

3つのいずれの係数も世代とともに変化するが，F_{IS} の値は比較的早い世代に，交配様式に対応した平衡値に達する．たとえば，自殖と他殖を β と $1-\beta$ の割合で行なう個体の集団であれば平衡値は $\beta/(2-\beta)$ であり，何らかの負の近親交配が起こっている集団であれば平衡値は負である．F_{ST} は世代とともに増加し，突然変異や選択などの決定論的要因が働かなければ最終的に1になるが，それにいたる軌道は個体数 N，交配様式，および各個体が次世代に伝える配偶子数のばらつきなどに依存する．選択などの決定論的要因が強く働く場合は，その影響も無視できない．F_{IT} も世代とともに増加して最終的に1になるが，それにいたるパタンは F_{ST} と異なる．交配が無作為の場合は F_{IS} が0であるから，F_{ST} と F_{IT} は同じ値をとる．さらに，理想集団の場合はともに式(5)の F_t に等しい．

世代 $t-1$ と t のあいだの近交係数 F_{ST} と，F_{IT} の増加率 $(F_{ST(t)}-F_{ST(t-1)})/(1-F_{ST(t-1)})$ と $(F_{IT(t)}-F_{IT(t-1)})/(1-F_{IT(t-1)})$ は，集団分割直後は互いに異なりかつ世代によって変わる．しかし，F_{IS} が平衡値(本章では1の場合は取りあげない)に近づくにつれ，共に $h(\cdot)/(2N)$ に収束し，以後この値で一定する．これ以後両近交係数は偶発的近親交配のみによって増加し，

$$\begin{aligned}F_{i(t)}&=\frac{1}{2N/h(\cdot)}+\left(1-\frac{1}{2N/h(\cdot)}\right)F_{i(t-1)}\\&=1-\left(1-\frac{1}{2N/h(\cdot)}\right)^t(1-F_{i(0)})\end{aligned} \quad (6)$$

と表わすことができる(下付きの添字 i は ST または IT を表わす)。式(5)との対比から，このとき両近交係数は大きさが $N/h(\cdot)$ の理想集団の近交係数 F_t とまったく同じパタンで増加することがわかる。このことから，$N/h(\cdot)$ を「近交に関する集団の有効な大きさ」(inbreeding effective size)と呼び，N_{eI} と表わすことがある。$h(\cdot)$ は，サイズ N が毎世代一定でその内部に生殖的に隔離された副次集団を含まない集団であれば，式(3)と(4)の $g(\cdot)$ と同じである。そのため，先に述べた遺伝子頻度の偶然変動を決める N_{eV} と近交の進行程度を決める N_{eI} を区別しないで，共に N_e と表記している。集団の有効な大きさには，ほかに「固有値による有効な大きさ」(eigenvalue effective size)，「突然変異率による有効な大きさ」(mutational effective size)，「共祖先性による有効な大きさ」(coalescence effective size)などと呼ばれるものがあるが，これらは定義あるいは推定方法の特徴に準拠した呼称であって，求める値そのものは N_e と変わるところはない。

以上述べたことからわかるように，N_e は「現実の集団を理想集団に変換した場合の個体数」である。N_e を導入した Wright は N_e のことを，「breeding population の大きさ」(Wright, 1931)とか「生殖年齢にある個体の数」(Wright, 1969)などと表現している。そのためか，N_e のことを「次代に実際に子どもを残す個体の数」と解釈している場面にときどき遭遇するが，これは正しい理解ではない。集団遺伝学の本式の教科書のなかでもっとも新しい Hartl and Clark(1989)の本では，「ある現実集団の有効な大きさとは，その集団と同じ遺伝的浮動あるいは近交係数の増加率を示す理想集団の大きさ」と表現している。

周知のように，集団が保有する遺伝的多様度は，遺伝子座あたりの対立遺伝子数，平均ヘテロ接合度(遺伝子多様度とも呼ぶ)，多型遺伝子座割合などのパラメータで示される。また，集団の分断化で生じた分集団間の遺伝的分化の程度を表わすためには，上で述べた固定指数 F_{ST} や Nei(1973)の遺伝的分化係数 G_{ST} などのパラメータが広く使われている。これらのパラメータの世代推移や最終的な平衡値はいずれも N_e の値に依存して決まる。量的形質の遺伝分散や遺伝率の世代推移についても同様である。また，保全遺伝学の分野では，集団の維持に必要な個体数や集団の存続可能年数などが N_e を

使って定式化されている(Lynch and Lande, 1993; Lande, 1994)。このように，N_e は生物進化のしくみを解明するという学理的な観点からのみならず，生物種あるいは集団の維持方策をたてるといった実用的な観点からも，なくてはならない役割を果たしている(Yonezawa et al., 1996; Yonezawa, 2001)。

3. 有性繁殖と無性繁殖を併用する集団の有効な大きさ

世代が重複しない集団

二倍体で一年生，雌雄同花あるいは同株の植物の集団を想定する。集団を構成する個体数が毎世代一定で N，各個体の無性繁殖率(次代に残す子のうち無性繁殖による子が占める割合)が δ，自殖率(有性繁殖で残す子のうち自殖による子が占める割合)が β で，無性繁殖で生まれた個体と有性繁殖で生まれた個体とで繁殖様式に差がないことを仮定すれば，式(3)と(4)の $g(\cdot)$ は

$$\frac{1-\beta+K+\delta(2C-K-1+\beta)+2\rho\sqrt{2\delta(1-\delta)CK}}{2-\beta}$$

と表わされ，したがって N_e は，

$$N_e = \frac{N(2-\beta)}{1-\beta+K+\delta(2C-K-1+\beta)+2\rho\sqrt{2\delta(1-\delta)CK}} \qquad (7)$$

のように表わされる。式中の K は，各個体が次代に残す有性繁殖子数の分散を平均数で割った値である。どの個体も同数残す場合に 0，個体あたりの数がランダムにばらつく(ポアソン分布に従う)場合に $1+\beta$，それよりも大きくばらつく場合に $1+\beta$ より大きい値をとる。C は，各個体が次代に残す無性繁殖子数の分散を平均数で割った値である。どの個体も同数残す場合に 0，ポアソン分布に従う場合に 1，それより大きくばらつく場合に 1 より大きい値をとる。ρ は，各個体が次代に残す配偶子数と無性繁殖子数の相関係数である。ρ を含む項は，既報(Yonezawa, 1997; Yonezawa et al., 2000)後新たに付け加えられた項である(未発表)。

N_e をこのように定式化すると，集団の交配様式(上式中の β)と繁殖特性

(δ, K, C)が N_e の大小にどのように影響するかを知ることができる。また，これらのパラメータを人為的に変更(管理)すれば，それが集団の N_e，ひいては遺伝的多様度にどのような変化をもたらすかを予測することができる。いまひとつの適用例として，無性繁殖を併用する集団($\delta>0$)が有性繁殖だけを行なう集団(β と K が同じで $\delta=0$ の集団)よりも大きい N_e をもつことができるかどうか，また，できるとすればどういう条件で可能であるかを式(7)から導いてみよう。無性繁殖の存在が N_e を増加させるのは，(7)式の分母式のなかの項 $\delta(2C-K-1+\beta)+2\rho\sqrt{2\delta(1-\delta)CK}$ (以下 y で表わす)が負の値をとるときである。図3は，個体あたりの有性繁殖子数がポアソン分布に従う場合($K=1+\beta$)の y の数値計算例である。この図から，$C<1$ で $\rho<0$ であれば，y はつねに負の値をとり，したがって，無性繁殖はその率 δ に関係なく N_e を増加させる方向に働くことがわかる。また，$C>1$ の場合でも，$\rho<0$ でかつ $\delta<\delta_0$ (図3参照)であれば，無性繁殖の存在は N_e を増加させる働きをする。自殖率(β)が高くなると，$\rho<0$ のときの y の値が減少し，$y<0$ を満たす δ の範囲が広がる。無性繁殖は集団内の遺伝変異を減少させる要因であると一般にみなされているが，図3の計算例から，それは必ずしも正しくないことがわかる。

　無性繁殖と有性繁殖を併用する集団で起こる現象として特記すべき点は，N_e と実際の個体数 N の比 N_e/N が，有性繁殖だけを行なう集団では N が小さくなってもほとんど変わらないのに対して，無性繁殖を併用する集団では顕著に増加する場合があるという点である。すなわち，無性繁殖は N の減少に対して N_e の減少を抑制する働きをするという点である。じつは式(7)は，個体数 N が十分に大きい($1/N^2$ を含む項が無視できる)とみなしたときの近似式であり，この式からは，N が小さいときに生じる無性繁殖のこの特徴的な働きはわからない。

　$1/N^2$ を含む項も含めて N_e を定式化すると，

$$N_{e\lambda}=\left[\frac{D}{(2-\beta)N}-\frac{1}{4\{N(1-\delta)\}^2}\left\{1-\left(\frac{\beta}{2-\beta}\right)^2\right\}\left(\frac{D}{2-\beta}\right)^2\right]^{-1} \quad (8)$$

のようになる。式中の D は，式(7)の分母式である。式(8)から，N_e/N が N

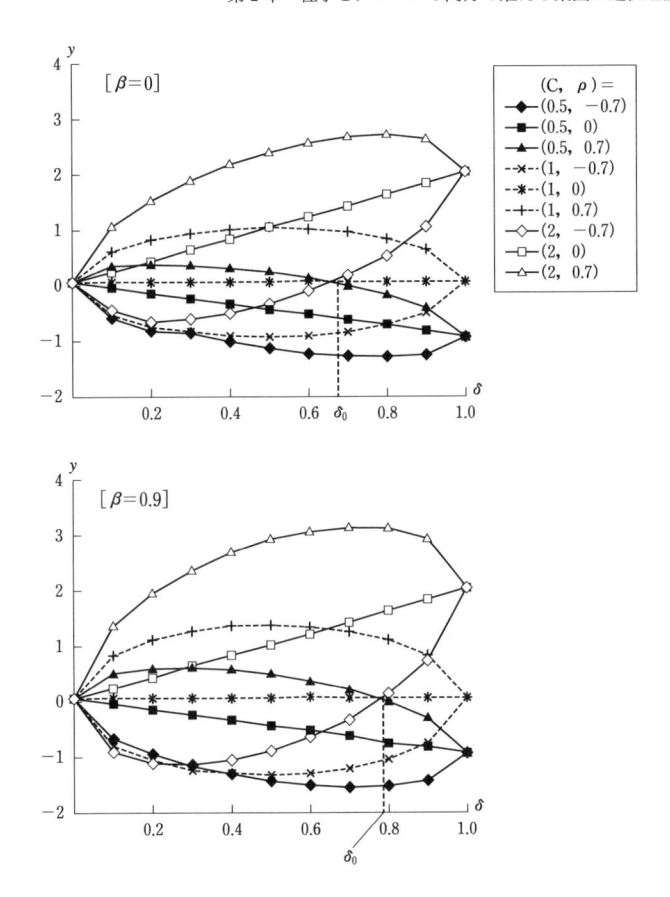

図3 無性繁殖を併用する集団が有性繁殖のみを行なう集団よりも大きな N_e をもつための条件。δ, c, ρ および β の値で決まる y が負の集団であれば，この条件を満たす。
$\delta_0 = 2\rho^2 C(1+\beta)/\{(C-1)^2 + 2\rho^2 C(1+\beta)\}$

にかかわらず一定であるための条件は，集団のなかに占める有性繁殖由来の個体数 $N(1-\delta)$ が十分大きいことであることがわかる。高い無性繁殖率の下では，この条件は N がかなり大きいときでも成立せず，N がそれより小さくなれば N_e/N は著しく増大することが式から推察される。図4は，近似なしの正確な式を用いて N_e/N を計算した結果である。この図から，無性繁殖率が 0.95 を超す集団では，個体数がだいたい 200 以下になるとこの現象が顕著に現われることがわかる。このことは，無性繁殖率が高い集団で

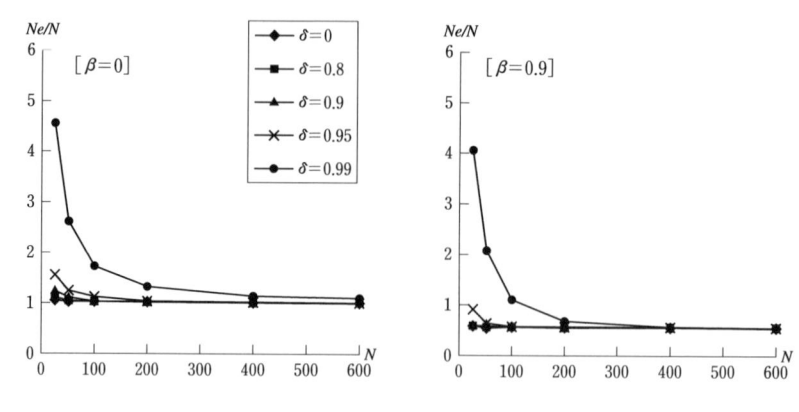

図4 集団の個体数(N)が小さい場合の N_e/N。$\beta=$自殖率，$K=1+\beta$，$C=1$，$\rho=0$

は個体数が激減しても N_e がある程度大きい値に保たれ，したがって，遺伝的な多様性が消失してしまわないことを意味する。

野生イネ集団への適用

本章に示した式を用いて野生イネの N_e を求めるには，β，δ，K，C，ρ などの値を求めることが必要である。これらの値を求めるには，前年の同じ個体に由来する個体を識別し，次に，それらの個体が前年個体の栄養組織（節など）から発生したもの（無性繁殖個体）か種子から発生したもの（有性繁殖個体）か，さらに，有性繁殖個体ならば自殖によるか他殖によるかを区別する必要がある。着色や標識札などによる個体識別と外部形質の観察に頼る古典的な方法ではこれらの値を求めることは不可能に近いが，最近開発が進んだ適当な DNA マーカーを用いれば(Haig, 1998; Pritchard et al., 2000)，2年（シーズン）で推定可能である。

もし，根部が生き延びて翌年そこから地上部だけが再生する個体があれば，その個体は生き延び個体とみなすべきであろう。生き延び個体と新生個体の繁殖能力に差がなく，集団を構成する N 個体のなかから毎年ランダムに $N \times u$ 個体($u<1$)が次年に生き延びるものとすれば，N_e は

$$N_e = N(2-\beta)/(2u+D) \tag{9}$$

のように表わすことができる。この式は，Yonezawa(1997)の式(8)で，α を $\beta/(2-\beta)$ とし先の ρ の項を新しく加えることで得られる。式(9)から，生き延び個体があると N_e が減少することがわかる。その理由は，寿命の長い個体(今のモデルの場合，ある個体が t 年以上生き延びる確率は u^{t-1})があると短命の個体よりも多くの子を残すため，遺伝子の多様性を減少させる働きをするからである。

　野生植物，とくに多年生植物のなかにはじつに多様な繁殖様式が認められる。繁殖に加わらない幼個体と成熟個体が混在する集団はいうに及ばず，なかには，形態的にも繁殖的にも明瞭に区別できる3つ以上の生育相があって，各個体はこれらの生育相を年々移動するといった集団もある。また，地中にいわゆる種子バンクを貯え，そこから毎年一定の割合で新たな個体が供給される集団もある。このような複雑な繁殖様式をもつ集団の N_e については，既報(Yonezawa, 1997; Yonezawa et al., 2000; Yonezawa, 2001)を参照されたい。

　最後に，無性繁殖の決定論的な遺伝効果，すなわち，無性繁殖が無限集団の遺伝構成に与える影響について付言する。同じ初期遺伝構成から出発して平衡状態にいたるまでの過程がどう変わるかで無性繁殖の影響をみると，選択が働かない中立な遺伝子座に関しては，平衡にいたるまでの世代が遅れるだけで平衡状態そのものは変わらない。選択が働く遺伝子座の場合は最終の平衡状態(適応度が低い方の対立遺伝子が消失)は変わらないが，それにいたる軌道が初期状態と選択のタイプによって大きく変わる。ヘテロ有利の選択が働く場合は，平衡状態も変わる。すなわち，有性繁殖だけの場合よりヘテロ遺伝子型が多く再生産される結果として，交配が完全に無作為な場合でも前節で述べた Hardy-Weinberg 比率からのずれ α は負の値をとり，適応度が低い方の対立遺伝子の頻度が有性繁殖だけの場合より高く維持される。

第II部

生きるためのさまざまな適応

集団の遺伝的構造に影響するのは自然淘汰，遺伝子流動，遺伝的浮動などである．自然淘汰だけが適応的分化を促進する．植物では何といっても光と水が重要である．光条件と水条件に対応して野生イネの種や生態型が分化している例を第3章と第4章で紹介する．このような物理化学的環境条件ばかりでなく，植物は周囲の生物的環境をも自然淘汰圧として受けとめ巧みに利用する（第5章・第6章）．

　陽地を好むAAゲノム種とは対照的に，CCゲノム種は半日陰に多く分布していることはよく知られていた．第3章の著者が行なった最近の詳しい調査によって，アフリカでもアジアでもCCゲノム種は森林−サバンナ連続移行地帯とでも表現できる陽地と陰地がモザイク状に現われる地域に適応していることが明らかになった．CCゲノム種は日向にも日陰にも分布している．こういういわば中間地帯がCCゲノム種の誕生の地ではないかと著者は論じている．

　南米でもAAゲノム種は陽地だけに見られるが，水条件はひじょうに多様である．とくにアマゾン川の水位の増減は年間10 m以上にも達し，野生イネはそれに対処するため特異な適応様式を発達させた．緑と水のアマゾンから大湿原地帯パンタナル，そしてアルゼンチンまで，南米の野生イネを訪ねた壮大な旅が語られる（第4章）．

　野生イネとかかわりあいをもつのは大きな生物だけではない．最近野生イネで見つかったエンドファイト（生きた植物の組織内に侵入し病気を起こさずに共生している菌や細菌）は窒素固定能力のある原核微生物であった．この系統は栽培イネよりも野生イネに感染しやすい傾向があった．植物と微生物の共生のドラマが明らかになるのはまだまだこれからである（第5章）．

　野生イネは栽培イネの近くに生育している場合が多く，共存していることもある．そういう所では野生型と栽培型の自然雑種と思われる中間的な雑草型（雑草イネ）も共存している．似たような雑草型が野生イネのまったく分布しない温帯の稲作地帯にも多発し，農民を困らせ，分類学者を悩ませる．韓国の雑草イネを徹底的に調査研究した著者が世界各地の材料も視野にいれて，雑草イネの分類・生態・起源を論じた（第6章）．

第3章 イネ属二倍体CCゲノム種にみられる熱帯の森林-サバンナ連続移行地帯への適応

農業生物資源研究所・ダンカン A. ヴォーン/森島啓子訳

　イネ属にはおよそ23種類の種があるが,そのうちの3種が二倍体CCゲノム種で,6種がCCゲノムを含む異質倍数体である。CCゲノムを含む種は,それ以外のゲノムをもつ種より数が多い(AAゲノム種は7種,BBゲノム種は4種,そのほかのゲノムでは1～3種である)。したがって,CCゲノムはイネ属の進化を理解するうえで中心的なゲノムである。

　CCゲノム種は,イネ属のなかで *O. officinalis* complex のなかに分類される。このグループはBB,CC,EEをもつ二倍体種と,BBCCあるいはCCDDをもつ異質四倍体種からなる。CCゲノム種はトビイロウンカやセジロウンカへの害虫抵抗性や,イネ白葉枯病や黄萎病に対する病気抵抗性などの有用形質を支配する遺伝子をもっている(Brar and Khush, 1997; Heinrichs et al., 1985; Muniyappa and Raju, 1981; Yan et al., 2002)。*O. officinalis* の葉からは,イモチ病菌の胞子の発芽を抑える抗菌物質が同定されている(Neto et al., 1981)。また,イネ白葉枯病抵抗性に関しては,*O. sativa* で見つかった抵抗性遺伝子とは違う遺伝子座にある遺伝子が *O. officinalis* で見つかっている(Brar and Khush, 1997)。これらの例は,CCゲノムがAAゲノムのジーンプールには存在しない有用な遺伝子の供給源になることを示唆している。しかし,今までのところCCゲノム種の広範で系統的な評価はされておらず,潜在する有用遺伝子の全体像はまだ十分に把握されていない。

O. officinalis complex に属する種は，栽培イネおよびその近縁野生種（AA ゲノム種）と生殖的に隔離されている。そのため，これらはイネ育種に役立つ遺伝子を簡単に提供できるグループとはいえない。現在までに，*O. officinalis* から導入された遺伝子をもつ1組の交配に由来する4品種が育成された。もし *O. officinalis* complex と栽培イネとのあいだにある生殖隔離の障壁を乗り越える方法がみつかれば，将来のイネ育種にとって重要な遺伝子の新しいシリーズが生まれるであろう。

イネ育種における CC ゲノム野生種の利用

　1958年，国立遺伝学研究所の故岡　彦一博士はタイの研究者たちと共に同国をまわってイネの採集旅行をしていた。スコタイのシ・サムロンの森の道を歩きながら，博士はその旅行での9番目のサンプルを採集した。それは CC ゲノムの *O. officinalis* だった。この集団の種子は日本の遺伝学研究所にもち帰られ，そこで保存された(Oka, 1958)。1962年，その系統の種子はフィリピンの国際稲研究所(IRRI)に送られ，研究と保存が続けられた。

　1980年，IRRI の昆虫研究部は野生イネを含む多数の系統の害虫抵抗性を調査した。シ・サムロンの *O. officinalis* は，イネの重要害虫であるトビイロウンカ，ツマグロヨコバエ，イナズマヨコバエに抵抗性を示すことがわかった(Heinrichs et al., 1985)。

　1984年，K.K. ジェナはこの CC ゲノム野生イネを栽培イネの改良品種と交配した。胚培養の後，雑種植物を栽培イネに戻し交雑した。1987年の試験で，その戻し交雑の後代は，雨期・乾期を通じて最高収量をあげた(IRRI, 1988)。さらに1989年には，これらの系統について IRRI の国際収量試験が行なわれた(IRTP, 1989)。1994年，これらの系統は害虫抵抗性，とくにツマグロヨコバエ抵抗性が必要とされるベトナム南部での普及が実行にうつされた。品種名は，MTL098，MTL105，MTL106，MTL114 である。

---

1. 分類の混乱を整理し，種間関係を明らかにする

　イネ属のなかの *Oryza* section は，すべての AA ゲノム種を含む *O. sativa* complex と，*O. officinalis* complex というふたつの種複合(species complex)からなる(Tateoka, 1962; Vaughan and Morishima, 2002)。このふた

つのグループの地理的分布はどちらも汎熱帯的で，全体の分布はひじょうによく似ている。しかし，栽培化されたのは AA ゲノム種だけである。*O. officinalis* complex の種は，人を惹きつけるような性質あるいは栽培を可能にさせる性質をもっていなかったのだろう。

CC ゲノムの二倍体種は，*O. eichingeri, O. officinalis, O. rhizomatis* の 3 つである。最近四倍体の *O. eichingeri* があると報告された（たとえば Ge et al., 1999)。しかし，これはジーンバンクで現在保存中の系統だけに知られていて，自生地で採集されたその原種から発芽した植物は二倍体であることが確認されて *O. eichingeri* と同定されたものである (Tateoka, 1965b；著者の未発表データ)。*O. eichingeri* の野外調査が行なわれた 1960 年代中ごろの以前から，*O. eichingeri* としてジーンバンクのあいだで交換されていた 2 系統の四倍体があったが，後にこれは *O. punctata* と訂正された (Tateoka, 1965b)。このことは，野生系統を実験に使うときは，前もって分類のキー (Vaughan, 1994) に基づいて注意深く同定を行なっておくことの重要性を物語っている。

文献上では，CC ゲノムをもつ二倍体の 3 種に対していくつかの違う名前が使われており混乱がある。たとえば，*O. officinalis* という名前は南インドで見出された四倍体に対しても使われている。以下に混乱点を整理してみよう。

(1) スリランカには二倍体 CC ゲノム種として *O. eichingeri* と *O. rhizomatis* の 2 種が知られている (Biswal and Sharma, 1987; Vaughan, 1990)。なお，*O. collina* という名前は，スリランカに分布している *O. officinalis* complex の種に対して以前から用いられてきたもので (Sharma and Shastry, 1965)，*O. rhizomatis* にも（たとえば Dally and Second, 1990)，*O. eichingeri* にも（たとえば Katayama and Ogawa, 1974) 使われた。腊葉標本に基づいてまとめられた『セイロンの植物』(Dassanayake and Fosberg, 1991) では，スリランカに分布するすべての *O. officinalis* complex は *O. eichingeri* であるとされている。しかし *O. rhizomatis* は植物体が大きいこと，地下茎を形成することで，*O. eichingeri* と容易に区別できるのである。

(2) *O. officinalis* と *O. minuta* は論文や腊葉標本でよく混同された（たとえ

ば Duistermaat, 1987)。しかし，*O. minuta* は *O. officinalis* より種子や穂が小さく，横に伸びる性質によって区別される(Tateoka and Pancho, 1963)。

(3) *O. officinalis* という名前は南インドで見つかった四倍体 BBCC ゲノムをもつ系統にも使われたが，これは正しくは *O. malampuzhaensis* と呼ぶべきであろう。*O. officinalis* も *O. malampuzahaensis* も，ケララ州ではごく近接して自生している(Vaughan and Muralidharan, 1989)。この2種の形態的研究においては，両種は「明らかな差」があるという論文もあり(Li et al., 2001)，一方，多変量解析の結果からも判別がつかないという論文 (Joseph et al., 1999)もある。

O. officinalis complex の分類は館岡(Tateoka, 1963, 1965ab; Tateoka and Pancho, 1963)による一連の研究によって明らかにされた。しかしこの研究で採用されている種の判別の分類的キーも決して使いやすいものではない。このグループに属する種の小穂の類似性を写真1に示した。

必ずしも観察するには容易ではない形質であるが，染色体数と地下茎の有無はこのグループに属するいくつかの種の判別に役立つ。収集されてジーンバンクで保存される系統数が増加するにつれて，一般的には正しいはずの分類キーがあてはまらない例外もでてきた。たとえば，*O. officinalis* と *O. rhizomatis* を区別する形質は，前者が穂の1番下の節から複数の枝梗が同時に分岐する輪性の穂をもつことである。しかし，*O. rhizomatis* 4集団の149の穂のサンプルを調べたところ，7つの穂は2本以上の，ひとつの穂は6本の枝梗をもっていて，それらは長さがひじょうに違っていた。またTateoka(1964)はアフリカの *O. eichingeri* と *O. punctata*(BB, BBCC ゲノム)の集団を研究し，そのうちの2集団は両種の中間的な形態をしていることに気づいた。しかし後にこれら2集団のすべての個体は *O. eichingeri* と確認された。

イネ属全体についての遺伝的多様性は，AFLP (Aggarwal et al; 1999)，アイソザイム(Second, 1984)，RFLP (Wang et al., 1992), ISSR (Joshi et al., 2000), 葉緑体SSR (Ishii and McCouch, 2000), 5SDNA (McIntyre et al., 1992), RAPDs (Xie et al., 1998)などを手がかりとして調査されている。しかし，Dally and Second (1990)と Shcherban et al. (2000, 2001)の研究を除いて

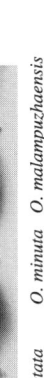

写真 1　*O. officinalis* complex に属する種の小穂の形

は，O. officinalis complex の多数の系統にとくに焦点をあてた研究ではなかった。しかしこれらの多様性研究から，二倍体 CC ゲノム種について，またこれらの種と O. officinalis complex に属するほかの種との関係について，次のような点が明らかになった。

(1) gypsy-レトロトランスポゾンの配列データとその RFLP 解析* により，アフリカとスリランカの O. eichingeri は分化しており，CC ゲノム種のなかでは O. eichingeri が遺伝的にもっとも変異に富む種であることがわかった (Shcherban et al., 2000, 2001；図 1)。

(2) O. eichingeri はアジアの四倍体種 O. malampuzhaensis と O. minuta の CC ゲノム供与親と思われる (Shcherban et al., 2000)。

(3) O. officinalis は，南アジア，東南アジア，東アジアとそれぞれの分布地によって遺伝的な差が生じている (Gao et al., 2001; Hu and Chang, 1967; Shcherban et al., 2000)。

(4) O. rhizomatis は O. officinalis と O. eichingeri の中間的に見える。しかし，O. rhizomatis の核と葉緑体のゲノムを RFLP や SSR によって調べたところ，O. eichingeri とも O. officinalis とも違うところがあった (Dally and Second, 1990; Proven et al., 1997; Wang et al., 1992)。また O. rhizomatis はほかの 2 種に比べて除草剤プロパニールの解毒酵素であるアリルアシルアミダーゼの活性が低いと報告されている (Cheng and Matsunaka, 1990)。

(5) 葉緑体ゲノムの情報に基づいた系統解析の結果は，アフリカの四倍体種 O. punctata (BBCC ゲノム) とアメリカの四倍体種 (CCDD ゲノム) の母親は，CC ゲノム種であることを示した (Ge et al., 1999; Dally and Second, 1990; Proven et al., 1997)。

(6) O. oficinalis complex の種で行なわれた gypsy-レトロトランスポゾンの配列解析では，O. eichingeri がほかの種よりももっとも多様な分化を示し，O. eichingeri がこのグループの祖先種にもっとも近い種であるらしい

---

* restriction fragment length polymorphism 解析。DNA を特定の塩基配列部位で切断する酵素で切断し，電気泳動により DNA 断片を分離し，多型を解析する方法。

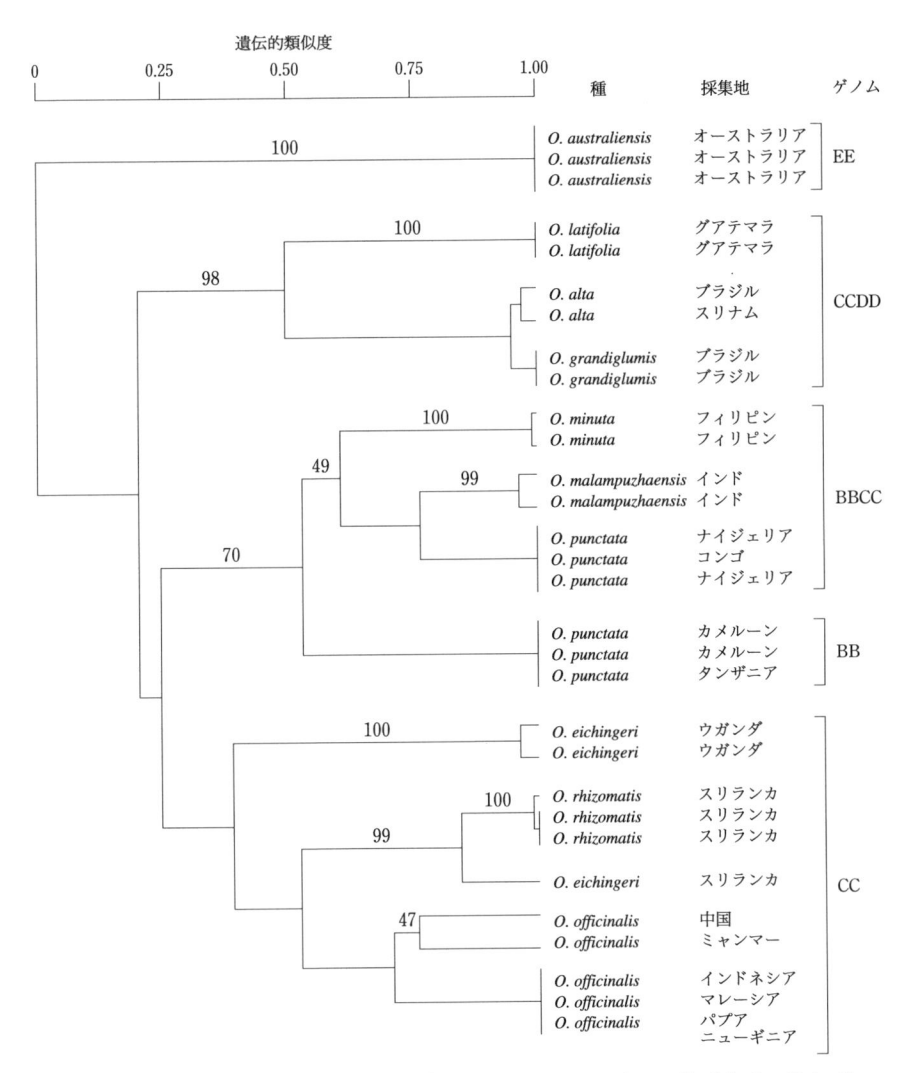

第3章 イネ属二倍体 CC ゲノム種にみられる熱帯の森林-サバンナ連続移行地帯への適応   63

```
遺伝的類似度
0    0.25    0.50    0.75    1.00         種              採集地           ゲノム

            ┌─100─┬── O. australiensis   オーストラリア  ┐
            │     ├── O. australiensis   オーストラリア  │ EE
            │     └── O. australiensis   オーストラリア  ┘
            │
            │        ┌─100─┬── O. latifolia       グアテマラ  ┐
            │        │     └── O. latifolia       グアテマラ  │
            │   98   │     ┌── O. alta            ブラジル    │
            │        │     └── O. alta            スリナム    │ CCDD
            │        │     ┌── O. grandiglumis    ブラジル    │
            │        │     └── O. grandiglumis    ブラジル    ┘
            │
            │        ┌─100─┬── O. minuta          フィリピン  ┐
            │   49   │     └── O. minuta          フィリピン  │
            │        │  99 ┌── O. malampuzhaensis インド      │
            │        │     └── O. malampuzhaensis インド      │ BBCC
            │        │     ┌── O. punctata        ナイジェリア│
            │        │     ├── O. punctata        コンゴ      │
            │   70   │     └── O. punctata        ナイジェリア┘
            │
            │              ┌── O. punctata        カメルーン  ┐
            │              ├── O. punctata        カメルーン  │ BB
            │              └── O. punctata        タンザニア  ┘

                     ┌─100─┬── O. eichingeri      ウガンダ    ┐
                     │     └── O. eichingeri      ウガンダ    │
                     │  100┌── O. rhizomatis      スリランカ  │
                     │     ├── O. rhizomatis      スリランカ  │
                     │  99 └── O. rhizomatis      スリランカ  │
                     │                                         │ CC
                     │     ── O. eichingeri       スリランカ   │
                     │  47 ┌── O. officinalis     中国         │
                     │     └── O. officinalis     ミャンマー   │
                     │     ┌── O. officinalis     インドネシア │
                     │     ├── O. officinalis     マレーシア   │
                     │     └── O. officinalis     パプア       │
                     │                            ニューギニア ┘
```

図1 *O. eichingeri* のプローブを使って得られた RFLP マーカーに基づく *O. officinalis* complex の UPGMA 系統樹(Shcherban et al., 2000 より改変)。各節につけた数字はブートストラップ法による信頼限界(%)。

ことが示唆された(Shcherban et al., 2000, 2001)。アフリカで採集された O. eichingeri 5系統から3種類の葉緑体タイプが見つかったが，そのなかのひとつは，調査されたイネ属247系統で見つかった34種類の葉緑体タイプのなかでもっとも大きい欠失をもっていた(Dally and Second, 1990)。

(7) O. officinalis は，葉緑体の RFLP (Dally and Second, 1990)やマイクロサテライト(Ishii and McCouch, 2000)の解析で，種内に多様性があることがわかった。

2. 地理的分布と生態的分布

O. eichingeri
分 布

O. eichingeri はイネ属のなかでアフリカ(図2)とアジア(図3A)の両方に

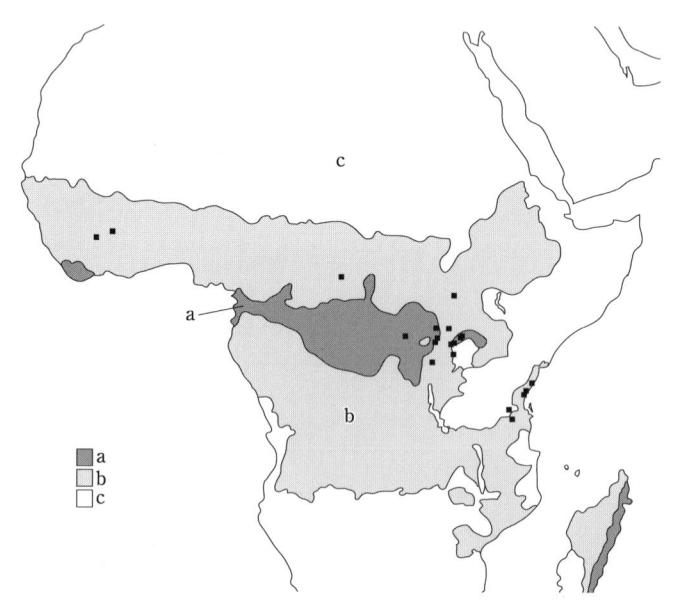

図2 腊葉標本および採集サンプルから作成したアフリカの各気候帯の O. eichingeri 分布図。a：常時湿潤熱帯，b：種々の長さの乾期をもつ熱帯，c：中程度から極度の乾燥地帯

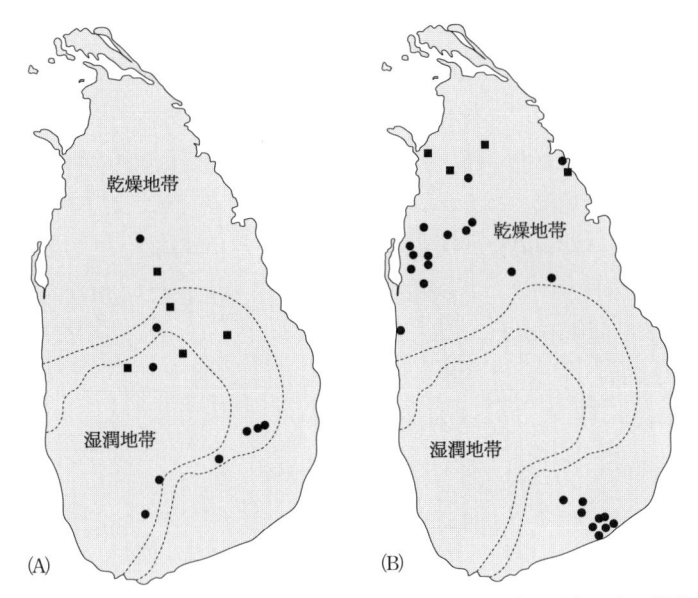

図3 スリランカにおける *O. eichingeri*(A) と *O. rhizomatis*(B) の分布。●：著者の観察，■：腊葉標本による

分布している唯一の野生種である。この種は，西アフリカ，東アフリカ，スリランカに断続的な地理的分布をもつ(Vaughan, 1994; Wassa et al., 1997; Tateoka, 1964)。腊葉標本や現地採集の記録によると，アフリカではアイボリコースト，中央アフリカ，コンゴ民主共和国，ルワンダ，ウガンダ，ケニア，タンザニアで採集されている。ガーナでも発見されたと報告されたが未確認である。

アフリカでもっとも多く分布しているのはウガンダである。アフリカ中央部でのイネ属野生種の採集がほとんど行なわれていないので，本種の真の分布限界はよくわかってない。

生育地

ウガンダの野生イネについてはふたつのコレクションがある(Tateoka, 1964; Wassa et al., 1997)。これらの採集旅行の記録は *O. eichingeri* が自生している場所の状況を明確に示している。Tateoka(1964)の採集記録によると，森のなかの日陰の小さな流れの縁で，排水の良い所にも悪い土地にも生

育しているという。

　私たちは最近スリランカで *O. eichingeri* の7集団を調査した(Vaughan et al., 準備中)。スリランカでも，小川のなかや縁，川の土手，季節的にまたは一年中水のある池の縁，あるいは排水の良い場所に生えており，ウガンダで報告された状況ととてもよく似ている。スリランカでは完全な日陰にも半日陰にも，また森のなかの開かれた場所にも見出された。このようなさまざまな環境条件は，ひとつの集団中にも見出された。*O. eichingeri* 集団は，1個体や少数個体の集まりが広い範囲に散在しているのが普通だが，集団中のあるものは日向に，またあるものは完全な日陰に生えており，小川や小さな池の縁にあったり，乾いた林床にあったりする。スリランカの *O. eichingeri* 集団に共通する特徴は，それらが森林あるいはかろうじて残っている森のなかや周縁部で見つかることである。しかし，*O. eichingeri* が必ずしも陰地を好む植物とはいえない。森のなかでもっとも旺盛な集団が，小さなギャップ(倒木などによってできた林冠が崩壊した部分)で見つかることがあるからである(図4A)。

生態的分布

　O. eichingeri はアフリカでは3つの主要な植生帯で記録されている。すなわち，(1)アイボリコースト，中央アフリカおよび東アフリカの海岸のサバンナ地帯，(2)ビクトリア湖西側の熱帯雨林地帯，(3)リフトバレイの乾燥熱帯林地帯，である。

　スリランカでは，湿潤および乾燥両方の熱帯林地帯に分布する。

気候帯

　O. eichingeri はアフリカではいろいろな長さの乾期をもつ湿潤熱帯気候帯に生育する(図2)。東アフリカでのおもな分布域は，海岸地帯とビクトリア湖の西側である。このふたつの地域は，*O. eichingeri* の生育が知られていない乾燥気候帯によって隔てられている。

　スリランカではおもに湿潤地帯あるいは中間地帯に生育する(図3A)。しかし乾燥地帯でも2集団が見つかった。川の縁のように年間を通じて十分な水のある所であれば，乾燥地帯のほかの場所でも見つかるかもしれない。

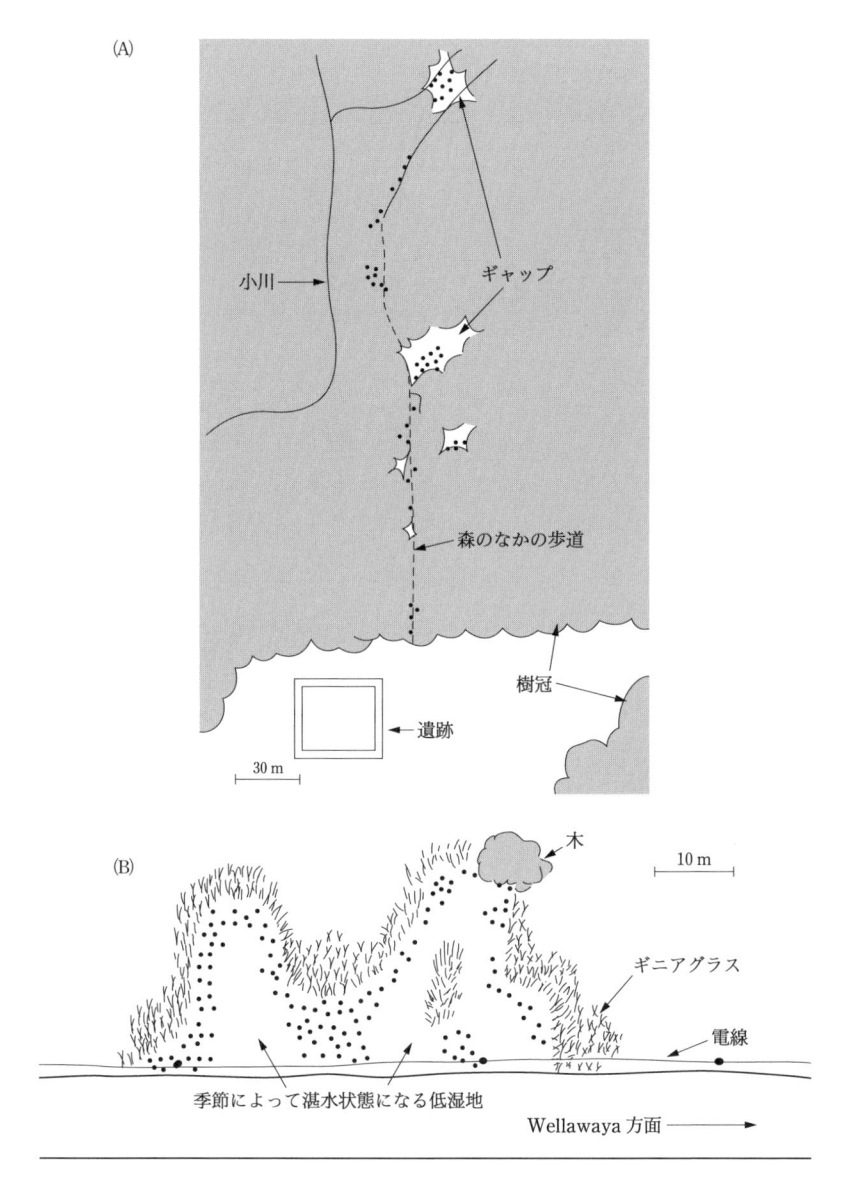

第3章　イネ属二倍体 CC ゲノム種にみられる熱帯の森林-サバンナ連続移行地帯への適応　　67

図4　個体(●)の微細地理的分布。(A)スリランカ，メニクデナ植物園の *O. eichingeri*。ここでは森のなかの小道の近くか小さなギャップのなかだけで見つかる。(B)スリランカ・ティサマハラマからウェラワヤへ向かう道路ぎわのギニアグラスに囲まれて生育する *O. rhizomatis*。2002年2月の観察による。

O. rhizomatis

分　布

　O. rhizomatis はスリランカの乾燥地帯だけで報告されている(図 3B)。スリランカと近接しているインドのタミルナド州でも野生イネの調査が行なわれたが，この種は発見されていない。スリランカでの *O. rhizomatis* の分布は *O. eichingeri* の分布と重なっていて，北部中央の乾燥地帯では 2 種が約 20 キロの範囲のなかに見出された。

生育地

　O. rhizomatis は開けた場所に生えるが，集団内の一部が日陰に生えていることもある。家畜が *O. rhizomatis* の葉を盛んに食べるので，動物に食べられにくいブッシュの下や囲いのなかに残っているのが見つかる。*O. nivara* と共存している場所では，*O. nivara* は *O. rhizomatis* より低地で湿った場所に生えている。スリランカの乾燥地帯にある国立公園では，季節によって乾燥する池の近くに生えている。また，季節によっては水田への灌漑水が流れる水路や道路ぞいの溝のそばにも見つかる。集団の大きさは，普通あまり大きくはない(図 4B)。

生態的地区

　O. rhizomatis はスリランカのふたつの主要な森林帯で見つかっている。北部中央と東南部の低地半落葉樹林帯，北西部の低地半落葉性森林と棘のある低木の地帯である(図 3B)。しかし，このような生態系のなかでもつねに開けた場所に見られる。

気候帯

　O. rhizomatis が生育するスリランカの乾燥地帯は，年間の雨量が 850〜1900 mm であることで特徴づけられる。5 月から 9 月のあいだは乾燥し，乾いた風が乾燥条件をいっそう強める。年平均気温は 30℃である。*O. rhizomatis* はこうした気候帯のなかの年間雨量 1270 mm 以下の乾燥地帯に見られる。

O. officinalis
分布と生育地

　O. officinalis は CC ゲノム種のなかでも今までもっとも多く採集された種である(図5)。本種は，*O. eichingeri* や *O. rhizomatis* に比べて，気候的にも植生的にもより広い範囲に適応している。ここでは6地域に分けて地域別に解説しよう。

　(1)中国大陸の *O. officinalis* 集団は近年になって数も大きさも減少しつつある(Gao et al., 2001)。これは，*O. officinalis* が耐えられる撹乱の程度には限界があるか，あるいは本種が中国の環境には適応していないことを意味する。中国の *O. officinalis* は，気候がもっと温暖であった時代にもっと広い地域にまで分布していたものの生き残りであろうと考えられる。この地域の *O. rufipogon*(AAゲノム)も過去にはもっと広い分布域をもっていたことが知られている。両種とも，先史時代あるいは歴史時代を通して中国の分布周

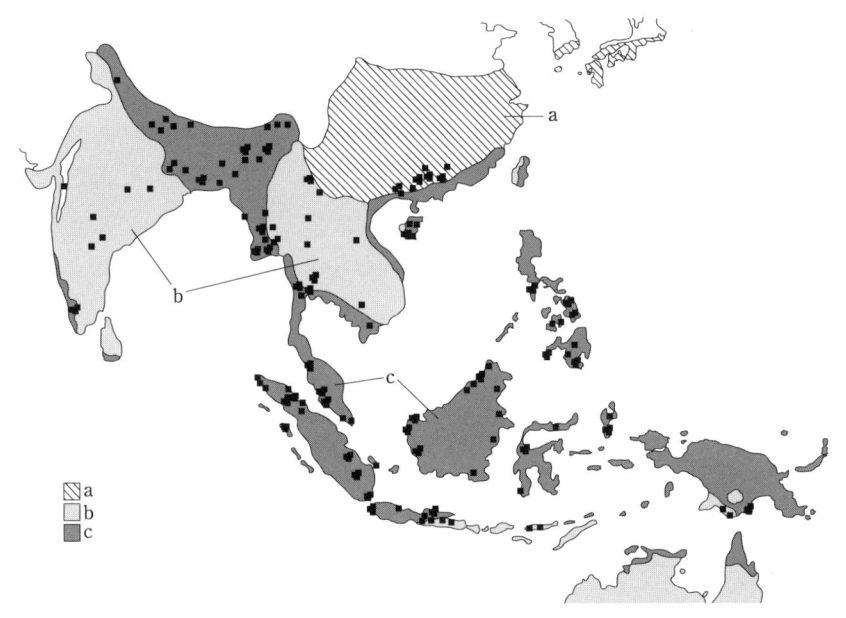

図5　植生帯との関連でみた *O. officinalis* の分布。採集サンプルと腊葉標本による。a：温帯および亜熱帯の常緑森林，b：熱帯の乾燥林およびサバンナ，c：熱帯湿潤森林

辺域で同じように減少しているのだろう。

(2) *O. officinalis* は環境撹乱に対して耐性をもち，人間によって撹乱される地域にも生育している．東南アジアのいくつかの地域では，町や都市の人家の裏庭などにも生育している．

(3) *O. officinalis* はミャンマーの低地やタイ中央部に多く見られる．しかし両国とも乾燥地帯では稀である．

(4)インドネシア（西ジャワ，南スマトラ）とパプアニューギニアでは，海岸からすぐ近くの海抜0m地帯でも普通に見られる．パプアニューギニア南部では開けた草地に生えている．

(5)北部インドでは標高1500m，南インドの西ガーツ山脈では700mの高度の所にまで生育している．西ガーツ山脈では森のなかの小川にそって見られる．

(6) *O. officinalis* の形態は地域や季節的環境条件によって大きく変わる．たとえば，インドネシア・イリヤンジャヤ州では乾期には草丈が1mにも満たないが，雨期には2mにも達し旺盛に生育する(Lu, 1999)．穂はときには3～4mの高さにつく．

(7)フィリピンではイネの「雑草」とされている(Second, 1991)．この場合は新しく開かれた水田であって，*O. officinalis* は新田ができる前から生育していたものの生き残りであろう．普通は水田の近くに分布し，ときにはイネの上に穂をたれているが，水田の雑草にはなっていない．このことは，CCゲノム種はそれ自身栽培に向かう特性はもっていないことを示唆するであろう．

Oka(1988)は「二倍体 *O. punctata* と *O. officinalis* は多かれ少なかれ雑草的である」と述べている．BBゲノム種 *O. punctata*（たぶん二倍体だけ）はアフリカの，とくに南部地域ではイネの深刻な雑草である．したがってアメリカ合衆国農務省(USDA: United States Department of Agriculture)の植物防疫局では，本種を強害草と指定している．この点がアジアにおける *O. officinalis* と対照的である．一方ではイネの雑草となり他方ではなっていない *O. officinalis* と *O. punctata* の遺伝的，生理的，生態的特徴はもっと研究される必要がある．

生態地区

O. officinalis は以下の3つの主要な生態地区に生育する。

(1)熱帯湿潤森林：インド西ガーツ山脈，南アジアの東部および北部，ミャンマー低地，タイ中央部，マレーシア，フィリピン，インドネシアの大部分。

(2)熱帯乾燥森林とサバンナ：インド中央部，東南アジア大陸部の中央，インドネシア東部，パプアニューギニア南部。

(3)温帯および亜熱帯の常緑林：中国大陸における分布の北限地帯。

気候帯

主として湿潤熱帯気候帯に生育する。しかし，インド中央部の乾燥気候や中国ヒマラヤ地域の温帯(亜熱帯)気候にも見出される。

3. イネ属の進化の謎を解く重要な鍵

イネ属は，現存のイネ科のなかではもっとも原始的な種からなるタケ亜科に属する(Clayton and Renvoize, 1986)。イネ属のなかでは，AA ゲノムの野生種が顕著な分化を遂げている。それはおもに水環境の変化に対する適応の結果である。これに対して，CC ゲノム種は，さまざまな日陰の程度や土壌水分に対する耐性を獲得することによって適応放散を遂げている。厳しい乾期に対する戦略として，AA ゲノム種では一年生になることであったが，二倍体 CC ゲノム種では地下茎を発達させることであった。

CC ゲノム種が繰り返し倍数化を成功させる(新種をつくる)能力をもっていたことは，進化的にひじょうに意義がある。この能力は，*O. officinalis* complex の種が新世界に分布を広げる際にも重要な役割を果たした。一方，AA ゲノム種では倍数体は存在しない。

二倍体 CC ゲノム種の集団内変異についてはまだほとんどわかっていない。3種は共に自生地ではきわめて高い種子生産力を示す。*O. eichingeri* は開花に季節性がなく，森のなかにまばらに分布しているので，おもに自殖していると思われる。*O. rhizomatis* と *O. officinalis* は，一般に開けた場所に生育する。*O. officinalis* の他殖率は31.6%と推定されている(Gao et al., 2001)。*O. rhizomatis* の多くの集団は小さいので，この種では無性的な拡散が重要

なのであろう。また，すべての種において形態形質に関する集団内変異がある。*O. eichingeri* では，ひとつの集団のなかに，非散開型の穂をもつ小型のものがある一方，すぐ近くに約2倍の高さで散開型の穂をもつものがある。*O. rhizomatis* の植物体の各部，とくに小穂では着色（紫色）の程度に変異が認められた。最近，中国の *O. officinalis* では集団間および集団内遺伝変異の大きさが推定された（Gao et al., 2001）。*O. officinalis* の24のアイソザイム遺伝子座の変異に基づいて計算された多型性は，集団によって0〜37%と大きく異なった。さらに，この種は地域的な分化が顕著で，その程度は中国の *O. rufipogon* （AA）で報告されている値より大きかった。CCゲノム種の種子散布には，種子の表面を覆っている小さな曲がった棘が役立っている。

イネ属CCゲノム種は，イネ科の植物が生まれた森林-サバンナ連続移行地帯を占有している。Clayton and Renvoize (1986)は次のように述べているが，これらの種はまさにイネ科の誕生の地と考えられているような生育地に見られるのである。

> イネ科植物を森林帯起源と考えることは，その風媒である性質や，開けた場所にもよく適応する生活型をもっていることと矛盾する。したがって，タケ亜科はサバンナで起源し，その後で森へ移動したと考える方が，その逆よりもっともらしい。実際には森とサバンナの違いはそれほど大きくはない。森林帯の周縁部では，雨が減少するとまず良く排水される谷と谷のあいだで森は痩せ，それから疎林，ブッシュが徐々に広がり，谷の斜面にまで広がる。そして林冠が見られるのは川岸の狭い範囲だけに限られるようになる。このようなひとつの生態ベルト（エコトーン）のなかに，開けてやや湿った場所がモザイク状に存在する環境は，イネ科植物の誕生の地をよく表わしているのではないだろうか。

イネの類縁種としての二倍体CCゲノムはイネ属の進化を理解するうえで重要な鍵になるグループであると結論したい。イネ育種においてCCゲノムを役立てるには，このグループの基礎的研究は必須である。

第4章 南米野生イネの旅　アマゾンからチャコまで

元サンパウロ大学ルイス・デ・ケイロッス農科大学・安藤晃彦

1. 日伯共同研究プロジェクトを立ちあげる

　南米大陸の動植物を語るには，水と緑の世界であるアマゾンをぬきにしては不可能である。アマゾンは，ブラジルをはじめ，ペルー，ボリビア，ベネズエラなどの9カ国にまたがる。このうち，ブラジル領は全アマゾン面積の85％にあたる約500万km²を占める。これは，ブラジル全体の面積の約60％に相当する。アマゾンは，熱帯森林に覆われていて，年間降雨量は2000mmに及び，年平均気温は28℃に達する。この地域には，維管束植物だけで約3万種が生育し，これにほかの動植物を加えると，地球上の全動植物種の約1/3が存在生育しているといわれる。これらの理由から，南米大陸の野生イネを語るときは，どうしてもアマゾンの野生イネに話がいってしまう。

　南米大陸には，イネ属 *Oryza* の野生種のうち，*O. glumaepatula* (*O. rufipogon*，$2n=24$，AAゲノム)，*O. grandiglumis*，*O. alta* および *O. latifolia* (いずれも $2n=48$，CCDDゲノム) が生育分布していることが知られている (Vaughan, 1994)。私は，ブラジルに来てからも，栽培イネ *O. sativa* を研究材料にしてきたが，ブラジルの野生イネについても，おもに次のような理由から強い関心をもっていた。

　それは，(1)広大なアマゾン地域には，人跡未踏の地が限りなくあり，

ひょっとしたら未発見，未報告の野生イネの新種あるいはそれに近いものが見つかるかもしれない。現に，毎年のように，いくつもの動植物新種がアマゾンで発見報告されている。(2)上記の，南米の4つの野生種のうち3つは，ゲノムCCDDを共有しているが，このうちDDゲノムについては，その起源由来がまったくわかっていない。木原均博士が，栽培小麦 (AABBDDゲノム)の分析を始めて，いろいろな困難，調査をへてついにDDゲノムの起源である雑草の *Aegilops squarrosa* を突きとめたように，ブラジル野生イネのDDゲノムをもつ植物が，どこかで見つかるかもしれない。(3)アマゾン川流域では，河口のベレンから，ネグロ川とソリモンイス川の合流地点のマナウスまで直線距離にして約1300 kmのあいだに，*O. glumaepatula, O. grandiglumis, O. alta* と *O. latifolia* の4野生種の分布が報告されている。しかし，マナウスから先は，両川流域についての調査はまだされていない。どの辺から分布が始まっているのであろうか。そしてその意味は？ (4)アマゾンの熱帯林は，過去10年間平均して年に約200万haの割合で濫伐焼却破壊されてきたが，それからくる動植物遺伝資源損失による損害は，はかりしれない。遺伝子は，いったん失うと再生は不可能である。せめて，アマゾン原生の野生イネだけでも，手の届く範囲内で早いうちに採種保存できないものだろうか。(5)私のイネ育種研究グループが調べたところでは，現在ブラジルで栽培されているイネの奨励品種は，少数の在来品種を交配選抜してからつくられたもので，その遺伝変異はきわめて小さい(Silva et al., 1999)。ブラジルで重要な陸稲の場合，それはさらに顕著であり陸稲育種には不利な条件といえる。新しい遺伝子をいれるために，ブラジルの野生イネ，とくに同じ染色体数($2n=24$)の *O. glumaepatula* を利用できないものか。

おおよそこのような，好奇心・功名心からとでもいえる理由から，私たちの研究グループの，パウロ・マルティンス博士の提案で，「ブラジル野生イネの環境遺伝学研究」というテーマのプロジェクトが作られ，サンパウロ州学術振興財団の援助を得て，1988年に研究活動がスタートした。そして小規模ながらも，第1回調査が，アマゾン川河口の，マラジョー島付近で行なわれた。

私たちは，このプロジェクトを継続するとともに，さらに調査範囲と研究

分野を拡大することはできないものかと考えた。しかし，その費用は？　それには，外国の研究グループとの費用を分かちあう共同研究が，一番よいかたちではないか。ちょうどそのころ，所用で訪日したおりに，大学時代のクラスメートであった国立遺伝学研究所の森島啓子教授に話をもちかけたところ，前向きのよい感触が得られて気を強くした。

たまたまサンパウロ大学には，1987年に，国際原子力機構(IAEA)の資金援助で，「アマゾンプロジェクト」が発足していた。その資金を呼び水にして，研究調査の足として，船員数7名で，研究者が17名まで乗れる150tあまりの調査船が造られ(写真1)，マナウスの国立アマゾン研究所に運ばれていた。

私たちの計画は，この調査船を利用して，マナウスから上流の未調査地域に足を踏みいれることであった。しかし，150tの船でも，その運航には，燃料・食糧費だけでも相当な額を要する。私たちが調査船を提供するかわりに，その運行費用を日本側で分担してもらえないものだろうか。そうすれば，

写真1　研究調査船「アマナイⅡ」号。サンパウロ大学で建造され，マナウスの国立アマゾン研究所に移されて，種々のプロジェクトに使用されている。

日伯共同のブラジル野生イネ研究プロジェクトが，もっとも理想的な形で実現することができるのではないだろうか。

　森島教授の尽力で，幸いにも日本の文部省からの資金援助を得ることができた。こうして 1992，1993 年の両年にわたって，マナウスからバルセロスまでのネグロ川流域往復約 1000 km と，マナウスからテフェまでのソリモンイス川流域往復約 1000 km の調査旅行が行なわれた。参加人員は，日本側からは，国立遺伝学研究所と北海道大学の研究グループから 3～4 名，ブラジル側からは，サンパウロ大学，国立アマゾン研究所とブラジル農牧公社から 6～7 名であった(Morishima and Martins, 1994; Ando, 1998b)。

　この 2 回の調査旅行の成功に気をよくして，翌年の 1994 年には，もうひとつの念願であったパンタナルへ，サンパウロ大学とブラジル農牧公社の研究グループ 5 名だけの，こじんまりとしたチームででかけた。パンタナルは，アマゾンとは水系がまったく異なる，ボリビアとの国境地帯に広がる大湿原を指す。ほぼ日本の本州ほどの広さで，アマゾンに匹敵する，あるいはそれ以上の動植物遺伝資源の宝庫である。どちらかというと，アマゾンは緑の静けさがあり，パンタナルは動物が多い動の感じがする。パンタナルへは，単キャビンの中型トラックで，小型モーターボートを牽引してでかけた。往復約 5000 km に達する調査であったが，かなりの成果をあげることができた。

　1997 年には，再び森島教授の研究グループと，サンパウロ大学の研究グループの共同で，パラグァイからアルゼンチンの北部へ，おもにチャコと呼ばれる平湿原地帯への調査旅行を行なった。これには複キャビンの中型トラックだけを使い，往復約 3000 km を走った。

　これらの調査旅行の目的は，従来の記録を参考にしての，野生イネの現地調査とその採種保存であり，本章ではそれぞれの調査での見聞録を，野生イネの生態観測を中心に書いてみようと思う。私は，イネの遺伝，進化や生態などではなく，育種が専門であるので，そうした研究者の目からの見聞録であることを最初におことわりしておきたい(図 1)。

図1 採集旅行地域と南米における野生イネ4種の分布図

2. アマゾンの野生イネ

　2回に及ぶネグロ川と，ソリモンイス川流域調査は，マナウスの国立アマゾン研究所のすすめもあって，増水期に行なわれた。「黒い川」を意味するネグロ川は，その名が示すとおり，有機質を多分に含むために酸性で黒い。中性に近いソリモンイス川と合流するマナウスから下流にかけては，大アマゾン川が白と黒の2本の帯となって10 kmほどをゆっくりと流れる。やがて混じりあうが，飛行機から眺めると壮観である。この水質の違いで，ソリモンイス川流域の方がネグロ川流域よりも生物資源が豊かである。

　ネグロ川流域調査は1992年6月から7月にかけて，延べ27日間，ソリモンイス川は翌年の5, 6両月にまたがって，延べ37日間かけて行なわれた。マナウス港にある水位測定標によると，増水期には10 m以上も水位が上昇する。このためこの時期には，底が浅い私たちの研究調査船は，増水でできた数多くの湖沼にはいって行ける。そして曳航しているモーターボートでさらに奥地にはいって行くことができ，広範囲を効率よく調べることができた。地図を頼りに，ブリッジからの望遠鏡探索や聞き込み調査などをもとに，野生イネのありそうな所に止まってはモーターボートででかけるというパターンの毎日であった。新聞もテレビも何もない単調な生活は，楽でもありやや苦しくもあり，最高の楽しみは何といっても三度の食事であった。積んでいった食糧が乏しくなると現地で調達したが，食卓に並ぶ魚類や果実類は，ソリモンイス川流域調査のときの方が，ネグロ川調査のときより豊かであった。

　減水期には，船による調査範囲はきわめて限られてしまい，増水期の調査の1/100もできるかどうかであろう。しかし，アマゾン地域のように増水期と減水期が規則的にはっきりと分かれている所では，動植物の生態調査はこのふたつの時期に分けて行なうことが望ましい。

　増水期に備えて，沿岸の民家は，大きな丸太をいくつかつないだ筏の上に建てられており，水位の増減に従って上下する。小さな子供たちが狭いところを走り廻っていて落ちはしないかと心配したが，泳ぎは皆達者なので気に

することはない，とのことであった．

　ネグロ，ソリモンイス両川では，野生イネは *O. glumaepatula* と *O. grandiglumis* の2種しか見られなかったが，増水期にはいったいどのようにして10 m以上も生長するのだろうか？　同行の国立アマゾン研究所の大学院学生の話では，これら野生イネは，研究室での実験で一日に7 cm以上も伸びるとのことである．そうすると，一カ月には2 m以上は伸び，川の水位上昇にほぼついていける．この生長ホルモンは，どのようなメカニズムでつくられるのだろうか興味深い．野生イネの自生している所はどこも水深が深くて，なかには水底まで10 m以上の所もあった．この形質は，長いあいだにわたって規則的に起こる環境変化についてゆけるように，野生イネが身につけたものであるに違いない．野生イネに限らず，ほかの名も知らない雑水草までもがこの形質をもっていたのも興味深かった．川の流れに従って，野生イネが流れて行くのをしばしば目にした（写真2）．これはおもに *O. glumaepatula* であった．長く節間生長した個体の節が，*O. grandiglumis* よ

写真2　ネグロ川を流れてゆく *O. glumaepatula*

りも脆くて折れやすいことに関連しているものと思われる(森島, 2001)。そうすると，下流の O. glumaepatula の集団は，上流のものが漂流定着してやがて増えてできたものかもしれない。私たちは，ネグロ川はバルセロスまで，ソリモンイス川はテフェまで遡ったが，さらにその上流までこれら野生種が分布しているかどうかは明らかでない。調査した地域のみについていえば，O. glumaepatula と O. grandiglumis が共生しているのはあまり見られなかった。これが後述するパンタナルで見かけたことと異なるのも，O. glumaepatula が折れやすいことが原因かもしれない。

　世界中の野生イネはほとんどが有芒であるが，アマゾンの野生イネも有芒である。O. glumaepatula の芒(のげ)の長さは，集団によって差がある。なかには10 cm 以上の芒をもつものもあって，採種して袋にいれるのに苦労した。芒でもかなりの程度で光合成が行なわれていることは，小麦などで ^{14}C を使って明らかにされている。しかし芒には，鳥や動物に付着して，他所への運搬繁殖を助ける意味のほかにも，熱帯林での生命維持に何か意味があるのだろうか？

　野生イネ種子の籾がらを剥がすと，だいたいが赤い玄米である。ある日，「あれっ，ブラジルの野生イネは白い」と誰かが言いだした。手に取って調べると，O. glumaepatula のかなり大きな集団が確かに白く，しかもかなり大粒の玄米をつけていた。もちろん，それ以外の集団のものは赤い玄米をつけている。そうすると赤から白への自然突然変異が起こったに違いない。このアマゾンの秘境でも，自然の法則に従って，ひっそりと白いコメの野生イネが生まれた訳である。

　白くて大粒となると，集めて食べられないかと思うであろうが，これまでの調査地域では，この野生イネを食用にしている習慣は見られなかった。

　記録によると，1500 年にカブラルがブラジルを発見したときに，上陸した船員が原住民から大歓迎され，帰りにお土産として，オームや，食糧としてヤムイモ，コメなどをもらったとある。しかし，ブラジルに栽培イネ O. sativa が導入されたのは 18 世紀半ばと考えられており(Ando, 1998a)，このときにもらったコメは野生イネであった公算が大きい。カブラル一行が上陸した現在のバイア州の海岸地帯には，たくさんの「赤いコメ」が自生してい

写真3 広大な野生イネ *O. grandiglumis* 集団

たという記録がある。またその「赤いコメ」を使って，原住民が発酵酒を造っていたとの報告もある。これらの「赤いコメ」は，恐らく *O. glumaepatula* だったと思われる。なお，カブラル一行は，コメとトウモロコシを混同して記録に留めた疑いもあって，トウモロコシの種子をお土産にもらった可能性もある(Hoehne, 1937)。

　私たちが訪れたアマゾン地域の住民は，主食としてキャッサバの粉，それに魚や果物などを副食としておりバランスのとれた食生活をしていた。船が接岸したあと，多勢寄って来る子供たちは皆，そろって健康そうであった。かつて訪れたブラジル東北地方の多くの子供たちが，慢性タンパク質欠乏のため，腹だけ膨れあがっていたのと対照的であった。

　途方もなく広大な地域に，野生イネが一面に自生している景色をしばしば目にしたが(写真3)，鳥や魚の餌になっているだけである。場所によっては，野生イネを「鴨のイネ」と呼んでおり，そこに行くとたくさんのカモが撃ち落とせたらしい。「鴨のイネ」はどこにあるかと尋ねて，野生イネの生息地がすぐにわかったこともあった。遠くで獲ったカモやカメなどの内臓を，す

ぐ前の低湿地に捨て，そこから未消化の野生イネ種子が発芽し，やがて集団へと発達した例のあることも，現地の古老から直接聞いたこともあったし，またそうしてできた生息地を直接目にしたこともあった。

　最近，ブラジル農牧公社が東南アジアから水牛を導入して，アマゾン河口のマラジョー島に試験放牧したところ，好結果が得られた。将来は，生育旺盛な野生イネを水牛の飼料にすることも考えられている。余談ではあるが，マラジョー島は，九州と同じぐらいの広さの，山も高い丘もない平坦な島で，熱帯林に覆われている。西半分はアマゾン川の干満による一日2回の自然淡水灌漑が可能である。もし，ここに広大な水田を作って，イネを栽培すれば，世界の一大コメ生産地となり，世界の食糧事情を一変させることも可能である。

　アマゾンの奥地に3年住むと，人間は猿に後戻りしてしまうと冗談に言うことがある。それぐらいの原始地域であるが，最近の情報通信手段の発達には目を瞠るものがある。とくに人工衛星を使って地点を正確に測定するGPSや，遠隔地との通信の進歩は著しい。日本チームが持参したGPSは，野生イネ集団の位置測定に大活躍であった。船から見える高い鉄塔の下には必ずちょっとした集落と電話局がある。日本から参加したメンバーは，そこから留守宅などに電話をかけていたが，アマゾンの奥地からの電話をもらって，日本の人もきっとびっくりしたに違いない。

3. パンタナルの野生イネ

　アマゾンでは，多くの河川は最後にアマゾン川に合流して，ヨーロッパ全体とほぼ同じ広さの大アマゾン盆地を西から東へと流れ，ベレンの近くで大西洋に流れ込む。パンタナルでは，いくつかの河川はパラグアイ川と合流して南下し，やがてパラナ川，ラプラタ川となり，アルゼンチンのブエノスアイレスをかすめて大西洋に注ぐ。したがって，おおよその感じでは，アマゾン川は西から東へ，パラグアイ川は北から南へ流れ，それらの水系はまったく異なる。

　パンタナルは，日本の本州ほどの広さで，雨期になると河川はいっせいに

氾濫して無数の湖沼を造り，動植物の繁殖期も始まる。しかしアマゾン川のように，水位が10 m も上昇することはない。パンタナルにも野生イネがあることは，以前から知られていた。アマゾンでの野生イネ研究調査の成功の余勢を駆って，ここへも調査に出かけることにした。雨期にはとうてい車でははいることはできないので，雨期が終わって乾期にはいった5月の初旬から下旬にかけて，延べ16日間にわたって調査を行なった。車での調査は，アマゾンでの船の調査とは事情がまったく異なり，すべて道路状態しだいであり，制約も多かった。

　ボートを牽引しての調査は，パンタナル南部の，ボリビアとの国境ぞいの町コルンバから始めた。コルンバに近づくにつれて，車にひかれて死んだワニ，オオアリクイ，アルマジロなどが，道路上にあちこち見られたのは痛ましかった。コルンバには，ブラジル農牧会社のパンタナル研究所があり，ここで野生イネに関する情報や，低湿地用四輪駆動のジープと運転手提供などの便宜をはかってもらった。

　環境破壊はパンタナルでも近年著しく，ワニなどの動物濫獲，宝石類濫掘による河川敷の破壊や汚染，乾期の焼畑が原因で雨期の自然鎮火まで続く広範囲の森林火災，パラグアイ向け水運による河川汚染と河川岸損壊などがその原因となっている。

　パンタナルでの野生イネ調査は，まずコルンバの前面にある広大な湿原から始めた(写真4)。ここにはいるためには，ボートではいれそうなやや広い水路を見つけなければならない。何回かの試行錯誤の後，ボートを乗りいれ，しばらく進むとやがて特徴のある，*O. glumaepatula* らしきものが見えてきた。まるでススキのような感じで，巨大な穂が風にゆれている(写真5)。ボートを近づけて手に取ると，確かに大きくて穂の長さは最高55 cm 近くもあった。水深は1〜3 m で，水底にしっかり根を張っている。植物自体もアマゾンの *O. glumaepatula* とは違い，水位上昇とともに急速生長するということがないせいか，太くて逞しい。初めて見たときは，穂や小穂が大きくて一般に赤く，草型もだいぶ違っていて，さては新種の野生イネではないかと緊張した。しかし，多くの特徴は，アマゾンの *O. glumaepatula* とよく似ていた。*O. glumaepatula* としばしば同じ所で自生，観測された *O.*

写真4 パンタナール・コルンバ市前面にある大低湿地

写真5 巨大な穂の *O. glumaepatula*

grandiglumis も，アマゾンのそれと比べると，草丈を除いては，一般に大柄のように思われた。これらパンタナルの野生イネが，アマゾンで見られたような，河川水位上昇に従って，一日に7cmも生長する形質を保持しているかどうかは不明である。

　大柄といえば，パンタナルでさんざん悩まされた蚊も，蚊トンボ（ガガンボ）なみの大きさのものもあり，叩き潰すのに勇気が要る。長袖のシャツの上からも刺され，そのときは痒いよりは痛い。ボートを時々とめて，一興に釣り糸をたれると，1kg前後の大型のピラニアがおもしろいように釣れたが，これも濫獲のために天敵のワニが減少し，ピラニアが異常繁殖したためである。増えたピラニアは，ほかの種類の魚の幼魚を食べあさるので，釣り人の目の敵にされている。

　四輪駆動のジープで約100kmほどパンタナル内部にはいり込んだが，*O. glumaepatula* のみが数カ所で少数点在しているのを発見しただけだった。どうして，このような所に，小さいグループの野生イネが点在しているのだろうか？　しかし，ジープで進む途中で現われた数々の野生動物は私たちの目を大いに楽しませてくれた。絶滅に近い青色オウムを始め，色とりどりの鳥類，ワニ，シカ，アルマジロ，サル，オオアリクイなどなどが，次々に現われては消えていった。パンタナルでは，野生化したブタを除いては，狩猟はいっさい禁止されており，動物もあまり人怖じしない。コルンバを起点とした野生イネ調査はこの辺で打ち切り，次はパンタナル北部に向うことにした。パンタナルを南から縦断する道路は存在しないので，東部を大きく迂回して，約1000kmの道をクイアバに向った。コルンバから約2時間走った所で，道路ぎわの低湿地に，*O. latifolia* をそれもたった1株見つけた。アマゾン，パンタナル両研究調査を通じて，初の収穫だったので，皆俄然色めきたった。あたりをよく探したがたったこれ1株しか見つからず，稔実種子もなかったので，株を掘り起こして持ち帰ることにした。こういうときは，車の旅行は好都合である。なぜ，このような所に，たった1株だけ自生していたのかは不明であるが，たぶん道路開発で1本だけ取り残されたのであろう。クイアバ周辺には，パンタナルを流れるクイアバ川の低湿地が存在する。目的地を，カッセルスとポコネに定めた。聞き込み調査を行なったところ，

ポコネからボートで数時間下ると，野生イネらしいものがあるとのことであったが，これは諸々の都合で断念した。カッセルスでは，近辺をボートで探したが，収穫は皆無であった。

最後の希望を託したのが，ポコネから始まるパンタナル縦断道路である。これは以前に，観光用に作られたが，政策変更により，未完成，不補修となったため，10 km ほど走ったところで前進不能となった。貴重な動植物遺伝資源のためには望ましいことではあるが，その反面残念でもあった。

4. チャコの野生イネ

パラグアイの首都アスンシオンを中心として，南北，東西にわたって，それぞれ約 1000 km 以上に広がる，チャコと呼ばれている大平原がある。チャコはそれぞれ名前をつけられたいくつかの小チャコに分かれており，全体を総称して大チャコ，あるいは単にチャコと呼んでいる。

チャコにも野生イネ，主として *O. latifolia* が自生していると聞いていたが，国立遺伝学研究所の森島教授の研究グループと再び共同研究調査を行なうことになった。期間を雨期明けの4月下旬から5月上旬までとした。サンパウロで落ち合い，規模・水量共世界一のイグアスの滝から，車でパラグアイにはいった。アスンシオンまでは，直線距離で約 300 km の坦々とした道を走り，途中渡ったいくつかの橋の下の低湿地や，一面にひらけた平原などで，車から降りては野生イネを探したが，それらしいものはまったく見られなかった。

アスンシオンは，パンタナルからくるパラグアイ川と，その支流のピルコマヨ川に面している。ピルコマヨ川で，*O. latifolia* が発見されたことは記録に残っている。聞き込みをしながらあちこち探したが，野生イネらしいものは見あたらなかった。

アスンシオンからは，アルゼンチンにはいり国道11号線をレジステンシアまで南下し，そこからパラナ川にそって走る国道12号線を東上してコリエンテスまで行った。コリエンテスを拠点として，記録や聞き込みを頼りに，橋下や道路ぎわの低湿地，あるいは農場，試験場内の低湿地を重点的に調査

した．結局，この南緯26～28度，西経58～60度に及んだ調査範囲で見つけられたのは，*O. latifolia* と，*Oryza* 属に近い *Rhynchoryza subulata* の2種であった．これらは，ひじょうに限られた場所にきわめて小さいグループで散在しており，辛うじてその種を維持しているという印象を受けた．将来は，道路交通，工業，農業などの発展によって消えゆく運命にあると思われた．現に，ある *O. latifolia* の小さなグループは新設道路ぎわの明渠周辺に，取り残されたようなかたちで見つかった（写真6）．また記録をもとにボートで探しに行った場所は，新設ダムで水没しており，影も形もなかった．アルゼンチンは，ブラジルとは異なり，米食国家でなく，イネに対する関心はいたって低い．このため野生イネを保存する気運が皆無であることも，貴重な遺伝資源消滅に拍車をかけているものと思われる．

5. 南米の野生イネ：遺伝資源としての展望

今回のプロジェクトにより，アマゾンでは，*O. glumaepatula* あるいは *O.*

写真6 新設道路わきの *O. latifolia* の群落

grandiglumis を，ネグロ川では 32，ソリモンイス川では 111 の合計 143 の調査地から採種した。パンタナルではこの 2 種の野生イネを 15 地点から採種し，1 カ所からは，*O. latifolia* の株を持ち帰った。チャコでは，13 調査地から *O. latifolia* または *Rhynchoryza subulata* の種子を得た(Ando et al., 1999)。このほかに，サンパウロ州の海岸地帯の低湿地に生息していた，*O. alta* のいくつかの集団から得られた種子も私たちの研究室に保存されている。

これらの，南米の野生イネ遺伝資源を保存管理して，どのように利用するかは今後の重要な課題である。ここでは，私たちの研究室で始められているいくつかの研究を紹介しようと思う。

まずはアイソザイム分析など最新の手法を使っての，南米野生イネの分類学的位置づけがある。アマゾンとパンタナルの *O. glumaepatula* は形態的にも明らかに違う。パンタナルのものは，穂も小穂も大きく，草型も異なる。アマゾンでの 7 調査地，パンタナルでの 3 地点から得られた *O. glumaepatula* をアイソザイムで調べたところ，このふたつのグループは，はっきりと違うことがわかった。*O. grandiglumis* でもこのような地域差が見られるかどうかは，目下調査中である。一方，アマゾンの *O. grandiglumis*，チャコとパンタナルの *O. latifolia*，サンパウロ州海岸地方の *O. alta* はアイソザイム分析の結果を見ると，遺伝的にもそうかけ離れていないことがわかった(Veasey, 2002)。

次に，野生イネとの交配による栽培イネの品種改良の取り組みが始まっている。前述のように，ブラジルの栽培イネの遺伝変異はきわめて小さいといえる。陸稲の場合，その約 42％はわずか 3 つの在来品種から由来している。そこで考えられたのは，同じゲノム(AA)と染色体数($2n=24$)をもつ野生イネ *O. glumaepatula* と栽培イネ *O. sativa* の種間交配によって，野生イネの遺伝子を栽培イネへ導入できないかということであった。

アマゾンの野生イネは，永年にわたって耐病性遺伝子を蓄積していて，病気には強いだろうと想像された。しかし予期に反して，現地では，イモチ病(*Pyricularia*)こそ見られなかったが，そのほかの多くの病害，たとえば *Cercosporo*, *Ustilagenoidea*, *Rhizoctonia*, *Fusasium*, *Gerlachia* や *Sarocladium* などによる病斑が見られた。しかし，耐病性のほかにも，耐虫

性，高い分蘖能力，多収性など多くの有用な遺伝子の存在は期待できる。そこで私たちは，ネグロ川流域の4調査地から採種した *O. glumaepatula* を花粉親として，栽培品種の IAC102 にかけ合せた。交配前後に植物ホルモンで処理をして，340 あまりの F_1 種子が得られ，これから 220 あまりの F_1 植物が得られた。この花粉稔性はゼロなので，これに IAC102 の花粉を戻し交配した。この結果，94 の BC_1F_1 稔実種子が得られた。今後は，BC_1F_1 植物を自家受粉させた BC_1F_2，さらに BC_1F_3 での有用な分離形質の選抜，あるいは戻し交配を繰り返し，BC_2F_1，BC_3F_1（ただし，この場合は野生イネを花粉親とする）とし，おのおの BC_2F_2，BC_3F_2 での分離形質の選抜など，ブラジルの栽培イネの品種改良にあたってはいくつもの方法が考えられる（Mamani, 2002）。

そして最後に，CCDD ゲノムをもつ南米の野生イネの起源についての謎解きである。南米の3種の異質四倍体野生イネの CCDD ゲノムのうち，DD

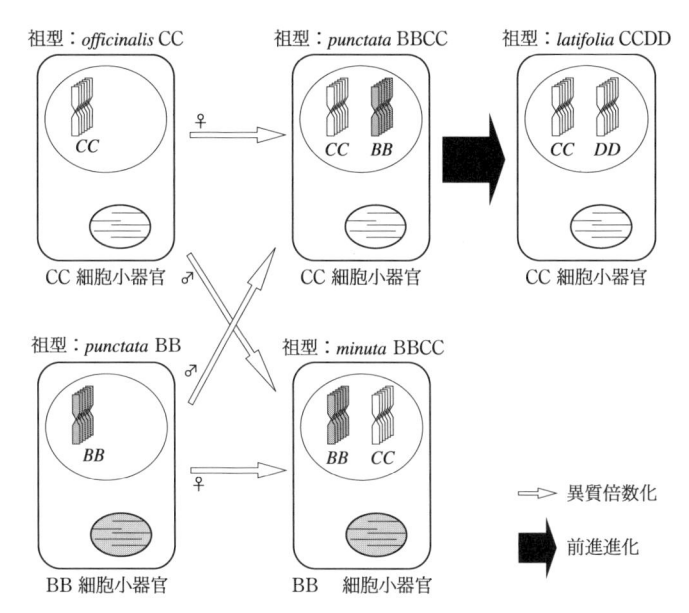

図2 アフリカの野生イネ（*O. punctata*, BB ゲノム）とアジアの野生イネ（*O. officinalis*, CC ゲノム）から，異質四倍体のアフリカの野生イネ（*O. punctata*, BBCC ゲノム）をへて，南米の野生イネ（CCDD ゲノム）が生じたとする仮説

ゲノムをもつ植物はいまだに発見されていない。このことは，CCDDゲノム成立に少なくともふたつの解釈をもたらす。ひとつは，DDゲノムをもった野生イネは過去に存在したが，何かの理由で人知れず消滅したのではないかという解釈である。そしてもうひとつは，葉緑体DNA(cpDNA)の塩基配列の比較研究によるもので，CCDDゲノムは，アジアに存在するBBCCゲノム(*O. minuta*)よりも，むしろアフリカに存在するもうひとつのBBCCゲノム(*O. punctata*)に近く，この野生イネのBBゲノムが変化してDDゲノムとなり，CCDDゲノムが成立したのではないかという仮説である(Oliveira, 2002)(図2)。しかし，このためには，CCDDゲノムはBBCCゲノムより新しいこと，遺伝的変化のプロセス，内容，メカニズムなど，多くの点が解明されねばならない。

第5章 野生イネに内生する窒素固定エンドファイト

東北大学・佐藤雅志

1. エンドファイトとは何者か

　我々がイネに内生している窒素固定エンドファイトを研究し始めたきっかけは，私が「熱帯アジア地域のイネ遺伝資源調査」班の一員として北ラオスの焼畑に栽培されている陸稲に出会ったことにある。山肌の森を切り開いてつくった焼畑の傾斜は，登ることも降りることも大変なほど急である。それにもかかわらず，褐色の山土がむきだしになった焼畑では，陸稲を中心として周辺にはバナナ，ナス，ケイトウ，マメ，ウリなども栽培されている (Sato et al., 1994)。栽培されている陸稲には，ひとつの穂にササニシキやコシヒカリの1.5倍も大きい米粒を200〜300粒つけて，たわわに実っている。ササニシキやコシヒカリでは，ひとつの穂につく粒数が100粒程度であることから判断すると，焼畑に栽培されている陸稲の穂がいかに大きいかがわかる。このような大きな穂をもった陸稲が，雨水が留まることのないほど傾斜がきつく，乾燥した，そして養分がほとんど含まれないと思われる山土に育っていることが，私には不思議に思えた。

　このプリミティブな質問を何人かの研究者に投げかけてみた。調査旅行中の一人の調査班員から「エンドファイトがかかわっている可能性」が指摘された。恥ずかしいことに，私はそのときまで「エンドファイト」という用語を知らなかった。帰国してから，微生物生態を専門としている研究者に焼畑

の写真を見せながら話してみたところ「イネにエンドファイトが内生しているか調べてみては」との提案があった。再び「エンドファイト」という用語との出会いであった。これをきっかけにして，イネ窒素固定エンドファイトの共同研究が始まった。我々が研究に使用した *Herbaspirillum* sp. B501 は，熱帯アジアから収集してきた野生イネ *O. officinalis* W0012 から単離したエンドファイトである。

最初に，聞き慣れない用語である「エンドファイト」という用語について説明しておこう。この「エンドファイト(endophyte)」は，「endo」すなわち「内部」と，「phyte」すなわち「植物」との合成語である。それに対して，「エピファイト(epiphyte)」は「epi」すなわち「表面」と，「phyte」すなわち「植物」との合成語である。エピファイトとしては，根の表面で生活する根圏微生物がよく知られている。根圏微生物のような植物体の表面で生活するエピファイトに対して，「生きた植物の組織内に病気を起こすことなく共生的に生活している菌または細菌」を総称して「エンドファイト」と定義されている。しかし，病気の症状を示さずに植物組織内に侵入し生活している，潜在的には病気を起こす力のある病原菌は，一般にエンドファイトに含められていない。このエンドファイトは，100年ほど前に麦畑の雑草として知られているドクムギの種子で発見された。紀元前2400年に建てられたエジプトのファラオの墓にあったドクムギの種子からも見つかっている(古賀，1993，1997)。ドクムギが家畜に中毒を起こすことは古くから知られていたが，エンドファイトが家畜中毒の原因であることが解明されたのは1970年代にはいってからである。初期の研究で対象とされたエンドファイトは，イネ科植物の茎や葉など地上部組織内に定着する麦角菌科 *Neotyphodium* などの糸状菌であった。*Neotyphodium* が感染した牧草や芝草は，虫の食害が減り，乾燥に強く，病気にも強くなり，収量が増加することが報告されている。このような特性に着目して，*Neotyphodium* などの糸状菌などを利用した人工接種による生物防除方法の開発が行なわれてきた(羽柴ほか，1998)。

ところで，糸状菌である真核微生物とは別に，窒素固定能をもっている原核微生物がサトウキビなどのイネ科植物やカーラーグラスなどのパイオニア

植物*の組織内から1980年代にはいってから単離された(Olivares et al., 1996; Reinhold-Hurek and Hurek, 1998)。それが注目され始めたのは，植物組織内に内生した原核微生物が植物への窒素供給に寄与していることが指摘されてからである。大量の肥料と農薬を使う大規模農業システムによる，河川や湖沼の富栄養化および汚染，しいては地球環境への悪影響が危惧され，持続可能型農業システムの構築をめざして，空気中の窒素を固定し，作物へ窒素を供給できる原核微生物エンドファイトの利用が研究されている(Sturz et al., 2000)。近年の研究の結果，数多くの作物，園芸植物，樹木などからも原核微生物エンドファイトが単離されている。この結果は，原核微生物は健康な植物の組織中にも内生していること，そして植物は原核微生物エンドファイトの住みかとして見つかりにくい場所を提供していることが，植物と微生物にとって正常な関係であることを示唆している。したがって，作物生産への原核微生物エンドファイトの利用は，化学肥料や農薬のように生態系を撹乱するものでないと判断される。しかし，我々はこれまで葉や茎などの表面に病徴を示すことなく植物組織内に内生している原核微生物エンドファイトに何ら関心を示してこなかった。真核微生物エンドファイトに比較して原核微生物エンドファイトの研究は遅れているのが現状である。

　ここからは，我々の研究を具体例として，イネにかかわる窒素固定能をもった原核微生物エンドファイトの単離および同定方法，感染およびコロニー形成，窒素固定などの機能の検出方法について紹介する(Elbeltagy et al., 2001)。さらに，原核微生物エンドファイトにかかわるこれからの研究課題についても述べる。なお，断りのない限り原核微生物エンドファイトをエンドファイトと，窒素固定能をもったエンドファイトを窒素固定エンドファイトと記載する。真核微生物である糸状菌エンドファイトに関しては，古賀や羽柴などにより書かれた総説を参考にされたい(古賀，1993，1997；羽柴ほか，1998)。

---

* 養分の乏しい裸地や荒地，大きな樹木が倒れてできた空き地などに，一般の植物に先駆けてはいり込み生育を始める植物をいう。

2. 植物の組織内に内生しているエンドファイトの単離

植物の組織内に内生している細菌すなわちエンドファイトの種類は，土壌中に生存している微生物の種類と比較してきわめて少ない。言い換えると，植物組織内に侵入し共生的に生存できるエンドファイトの種類は限られているのである。まず種類を把握するためには，植物組織内に共生しているエンドファイトの単離そして同定の作業が必要となる。

エンドファイトの単離では，最初に植物体表面で生活しているエピファイトを除き，植物体組織内に生活しているエンドファイトだけを取りだすことが重要である。植物体表面で生活しているエピファイトを取り除く方法としては，表面活性剤を利用する方法と殺菌剤を利用する方法がある。表面活性剤を利用する方法としては，密封性のある容器にいれた Tween20 などの表面活性剤を含む生理食塩水に，茎などの植物組織をいれ，激しく振って表面についている細菌を取り除く方法である。振とう後に，表面活性剤のはいった生理食塩水から植物組織を取りだし磨砕して得られた磨砕液を，エンドファイトの計数および単離に用いる。洗浄する回数と振とう時間を異にして処理した磨砕液に含まれる菌数を調べ，洗浄する回数と振とう時間をあらかじめ検討しておく必要がある。なお，洗浄回数と振とう時間は，根，茎，葉などの器官により，微生物が付着している可能性が多い外側の葉鞘と少ない内部の葉鞘など植物の器官によっても異なるので詳細な検討が必要である。

植物体表面の細菌を殺してしまう方法では，塩素酸ナトリウム水溶液，さらし粉や70％アルコールなどの殺菌剤が用いられる。これらの殺菌剤に植物組織を浸す時間は，表面活性剤と同様にあらかじめ検討しておく必要がある。浸透性のあるアルコールなどを用いて表面殺菌する場合には，たとえ短時間でも植物体表面の殺菌にとどまらず組織内で生活しているエンドファイトをも殺してしまう可能性があるので，とくに注意が必要である。

我々の研究では，イネ幼植物の地上部組織を70％エタノールに30秒間浸した後，１％塩素酸ナトリウム水溶液に15分間浸し植物体表面を殺菌した（図１）。表面を殺菌した組織を，単離しようとするエンドファイトの培養に

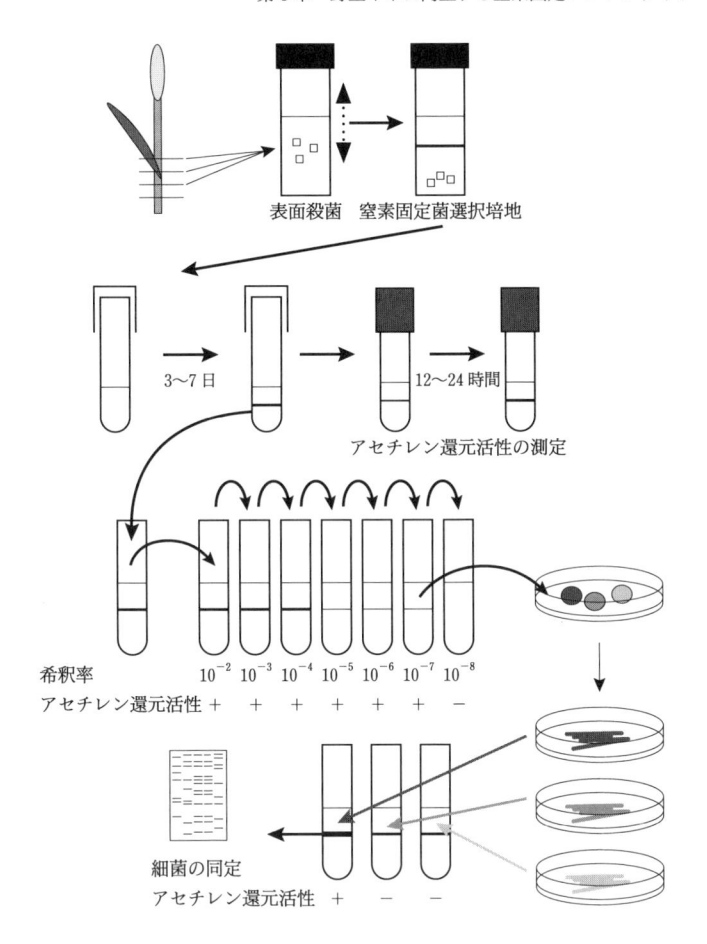

第 5 章　野生イネに内生する窒素固定エンドファイト　95

図 1　窒素固定エンドファイトの単離方法

適した培地にいれ，エンドファイトの増殖に適した温度に調節されたインキュベーター内で培養し，一定期間後に培養液内でのエンドファイトの増殖を調べる。我々の研究では，窒素固定能をもったエンドファイトの単離を目的としているので，窒素固定能をもったエンドファイトを選択的に培養できるレミー培地を採用した。窒素固定エンドファイトは嫌気条件下で増殖するので，培地表面よりも数 cm 下のところに菌層をつくる。この菌層から取りだしたエンドファイトを，数回新たな選択培地に移植して菌層を確認後，窒

素固定活性の有無をアセチレン還元活性により調べる。アセチレン還元活性が確認できれば，培養した細菌が窒素固定エンドファイトであることがわかる。

　窒素固定能をもったエンドファイトの菌数の把握と同定を目的としている場合は，単に選択培地中での増殖だけでなく細菌数を調べようとする菌液を希釈した培地に増殖させ，窒素固定活性を確認する必要がある。増殖した細菌の窒素固定活性は，アセチレン還元活性を調べることにより確認できる。アセチレン還元活性が確認できた希釈培地のなかで希釈率が一番高い培地の希釈率から，菌液に含まれていた窒素固定エンドファイトの菌数を推定することができる。たとえば，10^{-5}希釈培地で窒素固定活性が確認でき，10^{-6}希釈培地で窒素固定活性が確認できなかった場合には，最初の希釈に用いた菌液中に10^5個以上10^6個未満の窒素固定エンドファイトが生存していたことが推定できる。

　目的とする細菌の同定は，できるだけ希釈率の高い培地に増殖したエンドファイトを，シャーレに広げた半流動培地上に塗りつけることから始まる（図1）。シャーレを適温に調整されたインキュベーターにいれ，形成したコロニーが単一の菌からなるか否かを，肉眼や光学顕微鏡で調べ，取りだして単一の菌が単離されたことを確認する。単離したエンドファイトは，グラム染色，運動性，植物の細胞膜の主成分であるセルロースやペクチンを消化する酵素であるセルラーゼやペクチナーゼの活性などの表現型と，細菌種により固有の配列を示す16S rDNAの塩基配列を決定して同定する。

　単子葉植物から単離された窒素固定エンドファイトとしては，サトウキビからは *Herbaspirillum*，*Acetobacter* が，カーラーグラスからは *Azoarcus* が，トウモロコシからは *Herbaspirillum* が，ソルガムからは *Herbaspirillum* が，バナナやパイナップルからは *Herbaspirillum*，*Burkholderia* などがあげられる(Baldani et al., 1997; Hallmann et al., 1997; Cruz et al., 2001)。これらの窒素固定エンドファイトのなかで，*Herbaspirillum* と *Azoarucus* は植物が生育していない土壌中からは検出されないことから，土壌表面や土壌中の種子や枯死した植物体を媒体として生存，感染し続けていると考えられている(Reinhold-Hurek and Hurek, 1998)。

我々の研究ではイネ系統保存用の野生種 *O. officinalis* からは *Herbaspirillum* が，*O. rufipogon* から *Herbaspirillum*，*Azospirillum* が，*O. barthii* から *Herbaspirillum* が，*O. grandiglumis* から *Azospirillum* が，栽培種 *O. sativa* からは *Azospirillum*，*Ideonella* が単離されている(Elbeltagy et al., 2001)。そのほかの研究でも，*Azospirillum*，*Escherichia*，*Rhizobium*，*Herbaspirillum*，*Azoarcus*，*Klebsiella*，*Sphingomonas*，*Azorhizobium*，*Burkholderia* などが，栽培イネおよび野生イネの根，茎，葉鞘，葉身から単離されている(Stoltzfus et al., 1997; Engelhard et al., 2000)。栽培イネに比較して，野生イネから単離される窒素固定エンドファイトは植物組織の新鮮重あたりの菌数が多いものの，その種類は少ないことも報告されている。

3. 窒素固定エンドファイトの感染と内生

　エンドファイトは，イネ植物体のどこから侵入して，どこに住みつき，そして植物体が枯れた後はどこで生きているのかなど，いくつかの疑問が浮かびあがってくる。たとえば，サトウキビから単離されている *Herbaspirillum* と *Acetobacter* は植物が生育していない土壌中からは検出されない。したがって，サトウキビに内生しているそれらのエンドファイトはどこから感染してきたのかが疑問となる。その疑問への回答のひとつとして，「種子」を介して感染し続けることが考えられてきた。先に述べた糸状菌エンドファイトでは，種子を介した植物の世代間の感染が明らかとなり，糸状菌エンドファイトの利用には種子に人工的に接種する方法が採用されている。原核微生物エンドファイトでは，種子を介した感染の可能性は少ないといわれている。我々の研究でも，イネの籾からはエンドファイトが検出されたものの，表面殺菌した玄米からは検出されなかった。

　ところで，エンドファイトが病原性をもたないひとつの理由としては，細胞膜を溶かして細胞そして組織内に侵入する機能をもっていないことがあげられる。植物体外から植物体内への進入箇所としては，外部から植物体に力が加わってできた表皮組織の破生箇所があげられる。表皮組織が壊れることは，植物に外部の力が加わったときだけでなく，側根原基の伸長や，分蘖原

基の伸長などによっても起きる。したがって，破生した組織からのエンドファイトの侵入の機会は多い。エンドファイトの侵入箇所としては，破生組織だけでなく葉身表面の気孔も考えられている。エンドファイトの侵入箇所に関しては，これからの研究結果が待たれる。

　次に，植物組織に侵入したエンドファイトは，侵入箇所に留まるのか，またはほかの組織に進展するのかが疑問となる。さらに，植物体のどこに進展して，組織のどこに定着すなわちコロニーを形成するのかも疑問となる。この疑問，すなわち接種したエンドファイトのイネ植物体組織内での定着および増殖場所を明らかにするため，我々は標識をつけたエンドファイトを感染させることにした。標識としては，クラゲの蛍光タンパクの合成にかかわっている *gfp* 遺伝子を，ミニトランスポゾン(転移因子)として用いた。*gfp* 遺伝子をエレクトロポレーション法* により，野生イネ *O. officinalis* W0012 から単離したエンドファイト *Herbaspirillum* に組み込んだ。細菌の標識としては，GFP のほかに Lux AB, Luc, Lac ZY, Gus A, Zyl E などが用いられている。我々が採用した GFP 標識は，発光のための基質の添加が必要ないこと，試料による妨害が少ないこと，光量が強く恒常的に発光することなど優れた標識である。蛍光顕微鏡を用いて標識を探せば，接種菌が定着している場所を把握できる。組織内で増殖した細菌の計数が容易になるように，接種に用いる *Herbaspirillum* にはカナマイシン耐性遺伝子も組み込んだ。カナマイシンを含んでいる寒天プレート上に組織の磨砕液を塗布すれば，カナマイシン抵抗性遺伝子の組み込まれた *Herbaspirillum* だけが寒天上にコロニーを形成する。そのコロニーのなかで蛍光を発しているコロニーの数を計数すれば磨砕液に含まれている *Herbaspirillum* の菌数を把握することができる。

　接種したイネ植物体を培養し，展開，内生した器官および組織を調べるために，*gfp* 遺伝子とカナマイシン耐性遺伝子を組み込んだエンドファイト *Herbaspirillum* sp. B501 を宿主であった野生イネ(*O. officianlis*) W 0012 お

---

* 電気穿孔法。細胞壁を取り除いたプロトプラストと呼ばれる細胞を *gfp* 遺伝子の溶液中にいれて，短時間電流を流して，細胞内に遺伝子をいれる遺伝子導入法のひとつ。

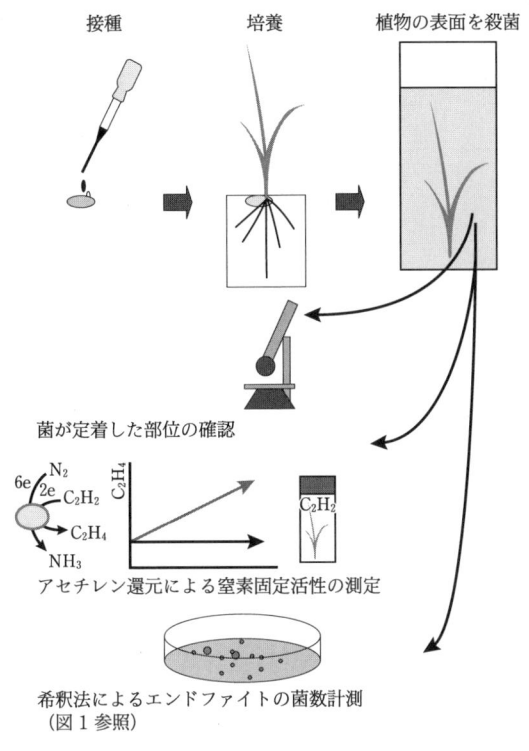

第 5 章 野生イネに内生する窒素固定エンドファイト 99

図 2 窒素固定エンドファイトの接種，検出方法

よび栽培イネ(*O. sativa*)品種ササニシキに接種した(Elbeltagy et al., 2001)。接種の方法は，籾を取り除いた玄米の表面を 70％エタノールと 10％さらし粉を用いて殺菌した後，イネ用水耕液の寒天培地上に播種し，玄米種子上に希釈した *Herbaspirillum* sp. B501 菌液を一定量ずつ点滴して接種した(図 2)。そして，*Herbaspirillum* sp. B501 を接種したイネ種子を人工気象器内にいれ 7 日間培養した。7 日後，生育したイネ植物体を傷つけないように寒天から抜き取り，1％次亜塩素酸ナトリウム水溶液で表面殺菌した。表面殺菌された植物体を，地上部組織，種子および根に分けて磨砕し，*Herbaspirillum* sp. B501 の菌数を調べるために用いた。その結果，いずれの野生イネでも地上部組織に組織新鮮重 1 グラムあたり 10 の 6 乗オーダーの数の菌が定着していた。一方，栽培イネではいずれも 10 の 4 乗オーダーの菌が定着

I II III	I II III
O. officinalis W0012	*O. sativa* cv. Sasanishiki

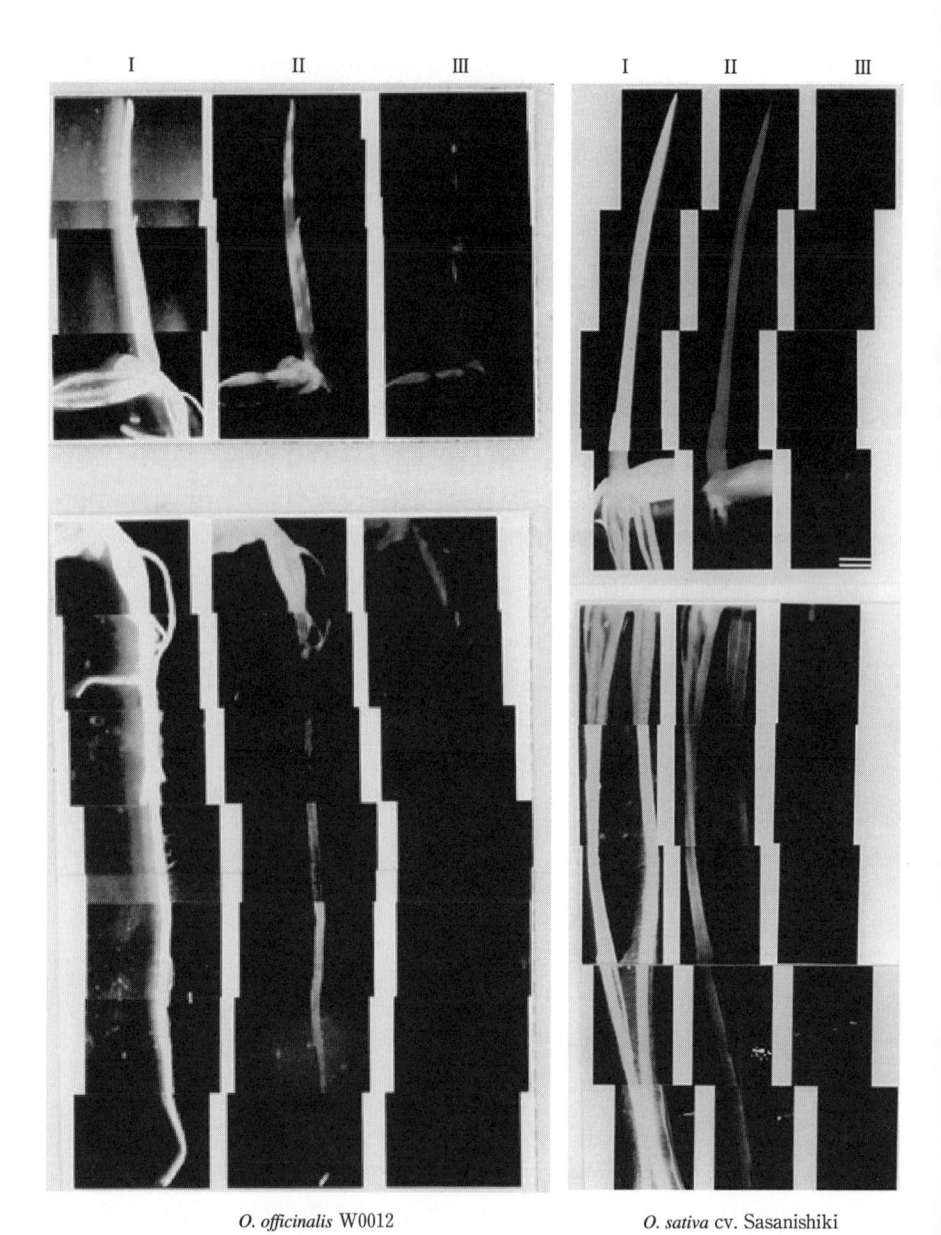

写真1 野生イネおよび栽培イネへの窒素固定エンドファイトの定着(Elbeltagy et al., 2001 より)。*Herbaspirillum* sp. B501*gfp* を接種した野生イネ *O. officinalis* W0012 および栽培イネ品種ササニシキの幼植物。写真は，左から白色光(I)，500 nm 以上の蛍光(II)，および 500〜550 nm の蛍光(III)について撮影したものである。500〜550 nm の写真で，緑色蛍光を示している部分に *Herbaspirillum* sp. B501*gfp* が内生していることを示している。[カバー後ろ袖のカラー写真も参照]

しているにすぎなかった。さらに，蛍光顕微鏡を用いて培養7日目の植物体を観察した結果，野生イネ O. officinalis W0012 の地上部組織に点在している緑色の蛍光が観察された(写真1，カバー後ろ袖写真も参照)。共焦点レーザー顕微鏡による観察の結果，野生イネ O. officianlis W0012 の細胞間隙に緑色に蛍光を示す細菌がコロニーを形成していることが観察された(写真2，カバー後ろ袖写真も参照)。また，透過型電子顕微鏡観察の結果でも，野生イネ O. officinalis W0012 の細胞間隙にコロニーを形成している細菌が観察

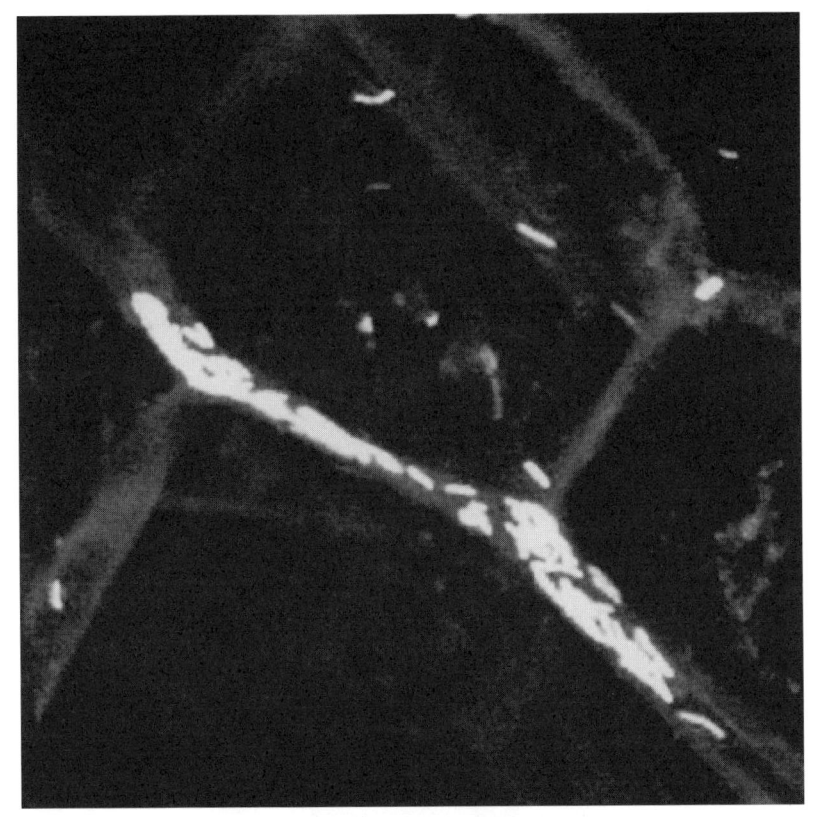

写真2 野生イネの地上部，細胞間隙に内生する *gfp* 標識したエンドファイト(Elbeltagy et al., 2001より)。*Herbaspirillum* sp. B501*gfp* を接種した野生イネ *O. officinalis* W0012 の地上部組織切片を，共焦点レーザー蛍光顕微鏡で撮影した写真である。細胞と細胞の間隙で緑色の蛍光を発している細菌が，接種したエンドファイト *Herbaspirillum* sp. B501*gfp* である。[カバー後ろ袖のカラー写真も参照]

されている．したがって，接種した *Herbaspirillum* sp. B501 が野生イネの地上部で認められ，栽培イネでは認められなかったことから，エンドファイト *Herbaspirillum* sp. B501 の感染，展開および定着には宿主特異性が存在することが示唆された．しかし，*Herbaspirillum* の宿主特異性を支配している要因に関してはわかっていない．表皮組織の破生部位から侵入したエンドファイトは，導管を通り地上部組織に展開することが指摘されている (Reinhold-Hurek and Hurek, 1998)．しかし，上述した宿主特異性と感染部位，展開時の経路，組織内での増殖の有無との関連に関しても明らかになっていない点が多い．

4．これからの研究課題

前に述べたようにイネ科植物に内生している窒素固定エンドファイト研究の歴史は浅い．このため研究報告としては，単離できたエンドファイトの種およびその分類について論じているものが多い．「エンドファイトと植物と

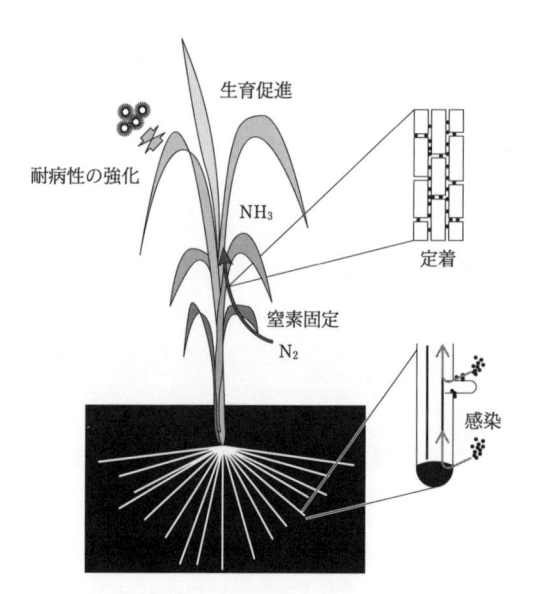

図3　植物と窒素固定エンドファイト

のかかわりあい」については，論文もまだ少なく，明らかにしなければならない研究課題が多い(図3)。そのひとつに，エンドファイトの窒素固定活性があげられる。サトウキビに内生している窒素固定エンドファイト *Acetobacter diazotrophicus* は，植物宿主であるサトウキビ植物体内で窒素固定を行なっている。このエンドファイトからのサトウキビへの窒素供給量は，植物が吸収する量の60％に達するとの推定値が報告された。この報告を機にして，エンドファイトの機能として窒素固定活性が一躍注目を集めた。

接種した窒素固定エンドファイトの窒素固定活性を調べる方法としては，窒素を施肥しない培地に，エンドファイトを接種した植物を培養し，植物の生育状態からエンドファイトの窒素固定活性の有無を確認する方法がある。しかし，この方法では根圏または根の表面に生活するようになった接種菌と内生するようになった接種菌すなわちエンドファイトとの窒素固定活性を区別することはできない。つまり，エンドファイトの窒素固定活性を調べるためには，塩素酸ナトリウム水溶液や70％エタノールなどの殺菌剤や滅菌水をもちいて植物体表面に付着している細菌を取り除いて測定しなければならない(図2)。取り除いた植物体を容器にいれ，その容器にアセチレンを封入し，一定時間後のエチレン発生量すなわちアセチレン還元量を測定して窒素固定能を測定する方法がある。しかし，植物体自体がエチレン発生源になる場合があるので注意が必要である。確実な方法としては，窒素の安定同位体(N^{15})を使用する方法がある。表面殺菌した植物体をいれた容器に，N^{15}ガスを充塡し，一定時間後に植物体内で固定された窒素量を測定する方法が，窒素固定活性を確実に測定する方法である。我々は，この方法で野生イネ系統 *O. officinalis* W0012 に接種し内生したエンドファイト *Herbaspirillum* が窒素固定活性を示すことを確認している(Elbeltagy et al., 2001)。ほかの方法としては，窒素固定エンドファイトが内生している植物体内におけるエンドファイトの窒素固定活性酵素の発現やその酵素の活性を調べる方法も試みられている。しかし，これらの方法では植物に内生しているエンドファイトの窒素固定能を確認できても窒素固定活性は確認できない。さらに，内生している窒素固定エンドファイトが固定した窒素を植物の生育期間内にどのくらい植物に供給しているのか，窒素固定活性は植物の生育時期および生育状

態により左右されるのかなど，ほとんどわかっていない。

　前に述べたように，糸状菌エンドファイトが感染した牧草では，乾燥への耐性，虫への摂食阻害や忌避作用，耐病性が高まることが報告されている。原核微生物エンドファイトでも，内生した植物の生育促進効果や耐病性に関する研究が始まっている。しかし，窒素固定に関連した生育促進効果，病原菌への防除機能などもまだ明確にはされていない。さらに，窒素固定能をもったエンドファイトをはじめ，これまで単離できたエンドファイトは人工培地上で培養できるエンドファイトである。植物組織内には内生しているが人工培地上では培養できないエンドファイトについては，本章で紹介した方法ではその存在を確認できない。単離できていないエンドファイトのなかに，植物の成育に重要な役割を果たしているエンドファイトが存在するかもしれない。

　我々は，野生イネから単離したエンドファイトが栽培イネ系統に比較して野生イネ系統に感染しやすく，より広く植物体全体に進展し増殖することを観察している。また，我々が単離したエンドファイトとイネ系統間に宿主特異性が示唆された。しかし，窒素固定エンドファイトの宿主特異性の範囲，宿主特異性をもたらす要因に関してはなんら解明されていない。さらには，エンドファイトの窒素固定関連の遺伝子を含め，どのような遺伝子が，どのような状態のときに，内生した植物体内で発現しているのかに関してもわかっていない。たとえば，空気中の窒素を固定するためにはエンドファイト周辺が嫌気状態になることが必要である。窒素固定に関連した遺伝子の発現も嫌気環境と密接に関係していることが考えられるが，その機構は明らかにはなっていない。

　上述したように，植物の組織内に病気を起こすことなく内生しているエンドファイトに関しては解明されていないことがまだまだ多い。エンドファイトを利用した作物生産が可能になるためには，上記研究課題への回答の積み重ねが必要である。

5. エンドファイト消失の危機

　化学肥料や農薬にたよる作物栽培方法が見直され，環境への負荷を抑えた持続可能な作物栽培への模索が始まっている。イネ栽培も例外ではない。イネは世界の人口の約 40% を養っているといわれている。イネを主食としている人々は，人口の増加が著しい熱帯アジア地域の発展途上国に集中している。第二次世界大戦後，人口の増加にともなう食糧不足が危惧され，米の増産すなわち単位面積あたりの収量の増大が課題となった。この課題に向けて，1940 年代から始まった高収量穀物品種の開発が「緑の革命」である。1970 年代には，単位面積あたりの収量が在来品種の 2 倍にも達する改良品種，すなわち高収量イネ品種が熱帯アジア地域でも栽培され始めた。これらの高収量イネ品種は，栽培期間が短く，実った籾が穂からこぼれ落ちることは少なく，穂が重くなる収穫時期においても茎が短く倒れにくい特性をもっていた。これらの特性が在来品種に比較して収量を 2 倍にも押しあげた要因である。しかし，高収量品種の収量を在来品種よりも増やすためには，化学肥料を多く投入する必要があった。また，広い面積に単一の高収量品種を栽培するためには，病虫害を防ぐために農薬を散布する必要が生じた。大量の化学肥料の投与そして農薬の散布は，河川や湖沼の富栄養化や環境汚染を招いている。過剰に投入された化学肥料から空気中に飛散する窒素酸化物は，成層圏オゾンの破壊など地球の環境にも影響を与えることが危惧されている。環境への負荷を抑えたイネ栽培に向けての研究が始まっている。化学肥料や農薬の大量投与を控えても高収量を維持できる作物生産すなわち「持続可能型農業」へ向けての研究が近年盛んになってきた。化学肥料や農薬に代わるもののひとつとして「エンドファイト」が注目を集めている。

　ところで，残念なことに，エンドファイトの研究が始まって以降，北ラオスの焼畑に調査に出向く機会が得られず，私は，焼畑に栽培されている陸稲からエンドファイトの単離をまだ試みていない。機会があったら，ぜひじっくりと腰を落ち着けてラオスの焼畑に栽培されている陸稲からエンドファイトを単離してみたいと考えている。これまで見つからなかった新たな機能を

もったエンドファイトが見つかることを期待している。しかし，ラオス北部の焼畑で陸稲を栽培している少数民族には，山を降りて平地に水田を作り生活すること，すなわち定住が政府から勧められている。北ラオスから陸稲が栽培されていた焼畑がなくなると共に，陸稲に内生しているエンドファイトも消えてしまうことが心配である。さらに，我々が調査してきた熱帯アジアの野生イネの自生地も，ラオスの焼畑の陸稲と同様に，道路の拡張などにより次々と消えていっている(佐藤・森島，1993)。さらに心配なことがある。化学肥料や農薬が使われていないミャンマーやカンボジアの調査地点から採取してきたサンプルの70％以上からは，窒素固定エンドファイトの存在が確認できた。しかし，汚染が進んだバンコク周辺の野生イネ調査地点から採取してきたサンプルでは，わずかに20％から窒素固定エンドファイトの存在が確認できただけだった。内生しているエンドファイトも含めて在来イネや野生イネが生存できる自生地の保存が急務である。

第6章 雑草イネとは？

嶺南大学・徐　學洙・ソウル大学・許　文會

　雑草イネは，イネを栽培する田や畑で半野生的に生存しているイネである。脱粒しやすく，大部分は種皮が赤色で，栽培イネより長稈で，芒があり，穎色は黒色あるいは栽培イネと同じ色をしている。雑草イネは不良環境でもよく適応し，栽培イネとの競合力が高く栽培イネの生育を阻害して，収穫前に脱粒するのでイネの収量を減少させる。また赤褐色の種皮色が搗精後にも残って米の品質を低下させるのでイネの栽培者は雑草イネを忌避している。中国をはじめ米の主産地では，古来から雑草イネが発生していたものと思われるが，雑草イネが問題になり始めたのは米を商品化し始めた後のことと思われる。アメリカ合衆国でも1846年に雑草イネの被害が報告されている。とくに現在のように直播栽培が普及して，大型の収穫機械で収穫するようになって雑草イネ集団が著しく増加しするようになった。アメリカ合衆国，韓国，マレーシアをはじめ東南アジアの大部分のイネ栽培地域，ヨーロッパ，南アメリカなどできわめて制御し難い雑草となった。雑草イネはイネを栽培するすべての国で報告されていて，その名称も多様である。韓国では悪米の意味で「アエングミ(앵미)」あるいは「シヤレイビオ(사례벼)」，日本では「赤米(アカマイ)」または「アカゴメ」，中国では「櫓稲(Lutao)」，マレーシアでは「Padi Angin」，ラオスでは「Khao Pa」，タイでは「Khao Nok」，スリランカでは「Kombili」または「Uru Wi」，アメリカ合衆国では「Red Rice」，コロンビアでは「Arroz Vermelho」，ガイアナでは「Jeranga」などと呼ばれる。

本章では雑草イネの生理・形態的特性，休眠性と種子寿命，開花特性と自然交雑の程度，生き残り戦略，遺伝資源としての価値，遺伝的特性，分類と起源などに関して記述する。

1. 雑草イネの形態・生理的特性

私たちは1988年から1991年まで韓半島中南部全域にわたって雑草イネを収集し，それらの生理・形態的特性を調査した(Suh et al., 1992)。韓半島で収集した雑草イネは種子の長幅比によって平均長幅比2.28の短粒型と，3.01の長粒型との2群に区分した。長粒型雑草イネは韓半島南部の洛東江(ナクトン)，蟾津江(ソムチン)流域と錦江(クム)河口でだけ発見された。短粒型雑草イネは韓半島中南部全域で発見された。日本人研究者の原 史六が韓半島でインディカ型長粒型の赤米が分布する地域は洛東江，赤城江(現在の蟾津江)流域，錦江の河口，漢江中流などであると1942年に報告している。それから50年が過ぎた1992年現在でも漢江中流を除いた同一地域で長粒型雑草イネが生存していることがわかる(図1)。このような事実は雑草イネがその土地に土着していることを示すものと思われる。

私たちが，収集した韓国雑草イネの種皮色，フェノール反応，胚乳性，芒，脱粒性などを調査した結果は表1のようである。種皮色は大部分が赤色であったが褐色，白色もあった。長粒型雑草イネにおいては赤色と白色がそれぞれ86.2%，13.8%であり，褐色はなかった。短粒型雑草イネにおいては赤色，褐色，白色がそれぞれ83.4%，9.1%，7.5%であった。原(1942)の報告でも白色長粒型赤米が密陽(ミリャン)地方に分布していたと記しているが，私たちが収集した雑草イネのなかでは密陽と密陽に隣接した昌寧(チャンヨン)において白色アエングミを多数発見した。これらの草型は赤色長粒型アエングミと完全に同じであったが，種皮だけが白色であった。これらはおそらく赤色長粒型赤米の突然変異体であるか赤色長粒型アエングミと栽培イネ間の交雑後代である可能性もある。

フェノールに対する反応がどうであるかはインディカ型とジャポニカ型を区分する主要な指標として利用されている。インディカ型は大部分が反応し

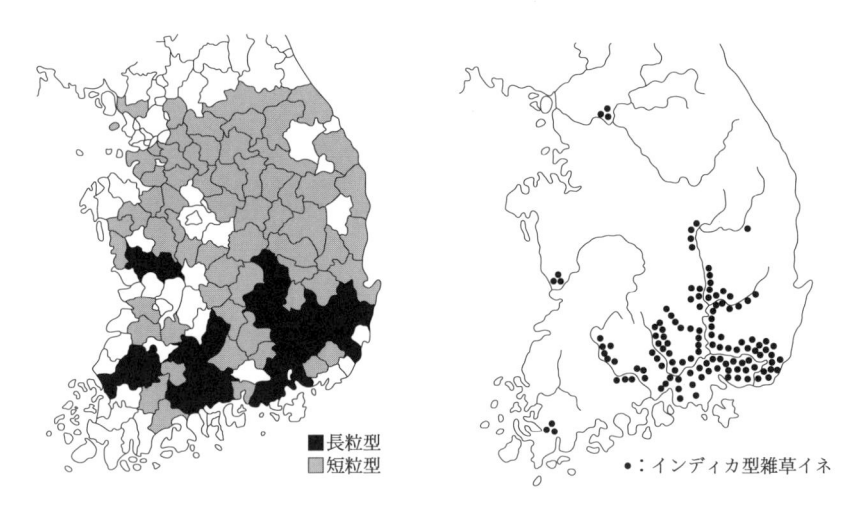

図1　現在と過去の韓半島における長粒型および短粒型雑草イネの分布(左：Suh et al., 1992；右：原，1942より)

表1　韓国雑草イネの粒型別種皮色，フェノール反応，胚乳特性，芒および脱粒性の分布(Suh et al., 1992より)

形質		長粒型(%)	短粒型(%)	調査系統数 長粒型	調査系統数 短粒型
種皮色	赤色	90.8	88.8	294	809
	褐色	0	10.6		
	白色	9.2	0.6		
フェノール反応	＋	9.3	30.7	225	628
	－	90.7	69.3		
胚乳特性	ウルチ	100	95.7	294	815
	モチ	0	4.3		
芒	有	2.4	49.6	296	809
	無	97.6	50.4		
脱粒性	脱粒	100	85.2	294	809
	非脱粒	0	14.8		

て穎と種皮とが褐色に変わるのに対して，ジャポニカは大部分が反応を示さない。韓国の雑草イネのフェノール反応は栽培イネとはたいへん変わって現われた。アイソザムやDNA変異ではインディカ型に類似の長粒型雑草イネの90.7%がフェノールに反応せず，9.3%だけが反応した。またジャポニカ型と似ている短粒型雑草イネの30.7%はフェノールに反応して着色している。このような傾向は石川隆二(2002，私信)などがブータンの雑草イネにおいて調査した結果とも似ていて，雑草イネの由来と関係してたいへん興味ぶかい事実であると思われる。

韓国長粒型の雑草イネではモチ性がなかったが，短粒型雑草イネでは4.3%がモチ性であった。野生イネではこれまでモチ性がまったく報告されていないことを考えれば，短粒型雑草イネにおいて4.3%のモチ性が現われたのは栽培イネのモチ性遺伝子が雑草イネに流入したか，雑草イネの突然変異によりモチ性になったものと判断される。短粒型雑草イネの約半分(49.6%)は芒があったが，長粒型雑草イネにおいては2.4%だけが穂の先端部分に芒が少しあっただけである。野生イネは大部分が長粒型で芒のあるものが多かったのに比べて，韓国の長粒型雑草イネは芒がほとんどなかったことも，雑草イネの由来と関係してこれから検討してみたい課題である。長粒型雑草イネの脱粒性は変異がほとんどなく，皆，脱粒しやすかった。しかし短粒型雑草イネにおいては変異が大きくて，自然に脱粒するものから栽培イネと同じ程度に脱粒しないもの(14.8%)まできわめて変異が多かった。

2. 雑草イネの休眠性および種子寿命

私たちは世界各地より収集した雑草イネを韓国で栽培し，韓国の実験室内で保存しながら休眠性の程度を検定し，韓国長粒型，韓国短粒型，東アジア(日本，中国)，南アジア(ブータン，ネパール，タイ，バングラデシュ，インド)，南北アメリカ(アメリカ合衆国，ブラジル)など5群に分類した。休眠性についてこの5群と栽培イネとを比較した結果は表2に示すとおりである。韓国の長粒型雑草イネの休眠期間は平均17.1日で，栽培イネの平均休眠期間40.0日に比べて短かった。しかしほかの4群は皆，栽培イネより休

表2 雑草イネの休眠程度(Suh et al., 2003 より)

雑草性イネの産地	調査系統数	休眠期間(日) 平均	標準偏差	範囲(最小-最大)
韓国(長粒型)	35	17.1	15.1	0- 30
韓国(短粒型)	65	48.9	51.8	0-270
東アジア	8	75.0	75.2	0-180
南アジア	40	125.3	82.0	0-300
アメリカ	4	52.5	51.2	0-120
栽培イネ(対照)	6	40.0	31.0	0- 90

眠期間が長かった。韓国短粒型，南北アメリカ，東アジア，南アジアの順で，それぞれ平均48.9，52.5，75.0，125.3日の休眠期間を示した。熱帯南アジアで見出された雑草イネの休眠期間が，温帯東アジアや南北アメリカ地域に生息している雑草イネより長かったが，これは栽培イネでも南アジアのものが休眠時間が長いという同じ傾向を示していてたいへん興味ある事実である。とくに韓国の短粒型雑草イネのなかにも270日の休眠期間をもつ系統もあったし，南アジア雑草イネのなかには300日の休眠期間をもつ系統もあった。

雑草イネの種子寿命を韓国の室内条件で検定した結果は，図2に示した。東アジアと南アジアの雑草イネには最長6年間寿命を維持する系統もあった(図2)。韓国の短粒型雑草イネは大部分が2年間生命を維持しており，3年

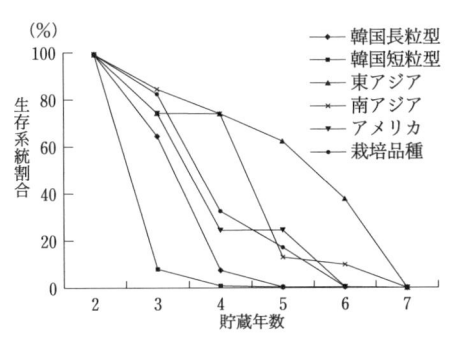

図2 韓国の室内条件で保存した雑草イネの種子寿命(年)
(Suh et al., 2003 より)

間生存する系統はごく少なかった。しかし休眠期間が短かった韓国の長粒型雑草イネは60%以上の系統が3年間生命を維持しており，約10%は4年間生存した。東アジアの雑草イネの約70%は5年まで，そして約40%は6年まで生存しえた。南アジアの雑草イネの生存比率は，東アジアの雑草イネより多少低いが最長6年まで生存しうるものがあった。保存している雑草イネのなかには韓国の室内条件で7年まで生存しうる系統はなかった。

3．雑草イネの開花特性と自然交雑程度

韓国の圃場において良好な気象条件下では，インディカ型栽培イネの開穎率は94.6%であった。これに対して長粒型の雑草イネは95.7〜98.5%であった。ジャポニカ型栽培イネの開穎率は92.6%であり，韓国の短粒型雑草イネは92.6〜100%であった。このように雑草イネの開穎が栽培イネより良好であった。イネが開花するときの内穎と外穎間の角度を表わす開穎角の変化を調べてみると，インディカ型栽培イネと韓国の長粒型雑草イネは最高開穎角が25度，開穎時間も100分前後で，両者はほぼ同じであった。しかし韓国の短粒型雑草イネでは最高開穎角が30度，開穎時間は最高140分であってジャポニカ型栽培イネの最高開穎角20度，開穎時間70分に比べて角度も時間も大きかった(Ha and Suh, 1993)。柱頭の露出程度も雑草イネの方が栽培イネよりよかったと報告されている。したがって雑草イネの自然交雑が栽培イネよりたやすく起こるものと予測できる。自殖性作物である栽培イネは，環境条件によって多少の差はあるがだいたい0.45%の割合で自然交雑が起きることが知られている。しかし雑草イネではこれよりずっと高く1.0〜52.0%まで自然交雑が可能であるとされている(Langevin et al., 1990; Rutger, 1993)。

雑草イネの自然交雑率が高い事実は，いったん雑草イネが栽培イネに流入すると栽培イネと雑草イネのあいだで，そして雑草イネ相互間で継続的に自然交雑が起きて，遺伝子の移動が容易に起こることを意味するものと思われる。

4. 雑草イネの生き残り戦略

　雑草イネは搗精後にも褐色の種皮色が残っていて米の品質を低下させるし脱粒がはなはだしくて収量も減少させるので，古くから農家の人たちが忌避し取り除くよう努力してきた。しかしイネを栽培するほとんどの国で，雑草イネが報告されている。とくに直播栽培をする地域では，雑草イネの被害がもっともはなはだしい(写真1)。韓国では直播栽培が全面積の約10%にまで達したがそれ以上増加しなかった最大の理由は，直播を継続すれば雑草イネ集団が増加するためであった。私はフィリピン・ルソン島中部における直播栽培地域のある農家の圃場を訪問して，多くの雑草イネが栽培イネと混生しているのを確認したことがある。イネの穂が2層をなしていて下層には栽培イネが上層には多様な雑草イネがもうひとつの層をなしていたのである。

　第1節で述べたように韓半島において同一地域で長粒型雑草イネが50年間生存しているのが確認されたことから，脱粒した種子が自然に次の世代を

写真1 韓国慶山地方のある水田における雑草イネの発生状態

残す事実を知ることができた。また私が雑草イネが混生している韓国の水田で移植田と直播田について調査した結果，移植田では雑草イネは大部分がイネ株内に栽培イネといっしょに育っていて，わずかに1.5～3.7％の雑草イネだけが株と株のあいだで生育していた。ところが條播直播田にあっては播條内で栽培イネといっしょに育っているのは雑草イネ全体の21.7～36.0％にすぎず，播條のあいだに生育している雑草イネが64.0～78.3％に達していた(Suh et al., 1997)。また移植田においては1m²あたり雑草イネが4.6～54.0個体発見できたのに比べて直播田においては101.2～151.8個体が発見された。以上のことからみて雑草イネの繁殖方法にはふたつがあるものと推論された。

ひとつは，栽培イネの収穫時に雑草イネが共に収穫されてそれを種子として使用するために発生する場合である。もうひとつは，収穫前か収穫過程において自然脱粒した雑草イネの種子が越冬して適当な条件下で発芽して次の世代を構成する場合である。移植田において雑草イネ集団が直播田より少なかったのは，前年度またはそれ以前に自然脱粒した雑草イネが適当な条件下で発芽したが，田を耕耘する過程で大部分除去されたためであろう。乾田直播においては自然脱粒して発芽する雑草イネが大部分除去されずに生育するから多数残存するのである。最近，大型コンバインを使用して多くの農家が共同でイネを脱穀することも，雑草イネの種子が拡散する一要因になっているものと推定される。とくに雑草イネが侵入した田で収穫した種子を使用すれば必ず次の年に雑草イネが発生するし，自然脱粒した雑草イネ種子は何年間も生命を維持することができる。たとえ集団は小さくても雑草イネは生存し続けるので細かい注意が必要とされるしだいである。

5. 遺伝資源としての雑草イネの価値

イネを栽培する栽培者の立場では雑草イネはたいへん除去し難い迷惑な雑草であるが，遺伝研究者や育種家の立場では雑草イネは研究や育種のよい材料になる。雑草イネは野生イネと栽培イネの中間的な特性をもっているし，悪い環境でもよく適応する特性すなわち各種のストレスに対する抵抗性を

もっていて遺伝資源としては価値が高い。とくに雑草イネは野生イネより栽培イネに近縁であり栽培イネとの交雑親和性がたいへん高いので育種材料に使いやすい。雑草イネは耐冷性，旱魃抵抗性，深土における発芽性，重金属抵抗性など環境ストレスにとくに強いし，イモチ病にも強い系統があることが知られている。

雑草イネ系統のなかには低温発芽性と幼苗期耐冷性が栽培イネより勝れたものが多いと報告されている(津野ほか，1978；一井，1988；Suh et al., 1999ab)。雑草イネの低温発芽性と幼苗耐冷性は量的形質であって，前者は第5，6，11染色体上に量的形質遺伝子座(QTL)があり(Suh et al., 1999a)，後者は第6，9，11染色上にQTLがある(Suh et al., 1999b)。このなかで第11染色体上では低温発芽性と幼苗耐冷性のQTLが同じところにあるが，第5，6，9染色体上のQTLは互いに異なったところにある。

雑草イネは深播きしたときの発芽力も深水における出芽力も栽培イネより勝れていることが知られている(Suh and Ha, 1993)。11 cmの深土では栽培イネはまったく発芽しないが，雑草イネは83.5％の発芽率を示した。15 cmの水深において栽培イネはまったく出芽できなかったが雑草イネは40.3％の出芽率を示した。旱魃や浸水状態においても雑草イネの生育が栽培イネよりずっとよかったが，それは雑草イネの地下部発育が地上部に比べて相対的によかったためであると報告されている(有門，1995)。

雑草イネの系統中には重金属の鉛に対して耐性をもったものが見出された。Yang et al.(2000)は韓国の雑草イネを20 μMの鉛溶液で15日間栽培した結果，栽培イネはほとんど生育が不可能であったが，雑草イネ金陵アエングミ-24は正常に発育することを観察した。金陵アエングミ-24の抵抗性は鉛溶液内でも根からシュウ酸エステルを分泌して鉛を不溶化させ，根の細胞膜から鉛溶液が吸収されるのを妨げたためと考えられた(写真2)。

雑草イネのなかにはイモチ病抵抗性を示す系統があることも報告されている(Nunes 1989; Cho et al., 1996)。Cho et al.(1996)は，韓国の雑草イネのなかで金陵アエングミ-33，居昌アエングミ-12，江華アエングミ-11，サルシヤレイビオなどはイモチ病抵抗性をもっているが，そのなかで金陵アエングミ-33は2個の，居昌アエングミ-12は4個の，サルシヤレイビオは1個の

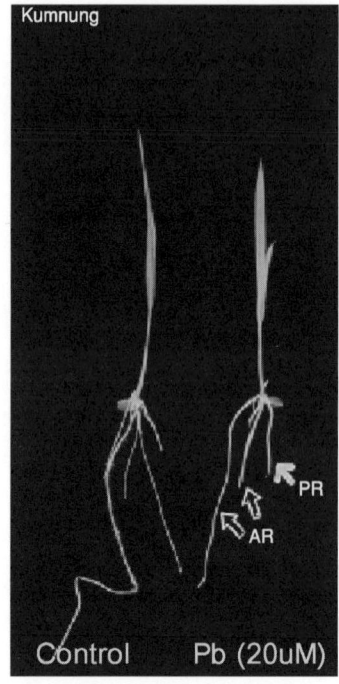

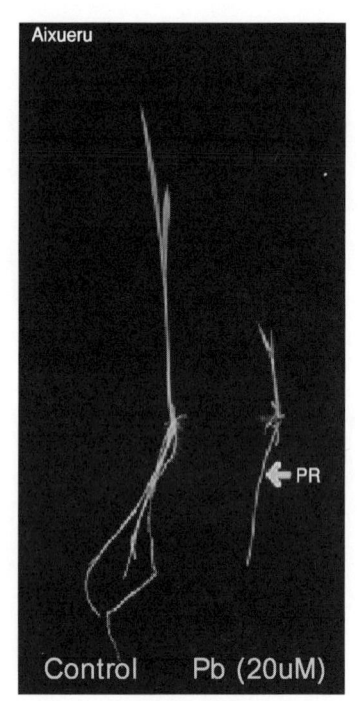

写真2 鉛溶液(20μM)内での雑草イネ〝金陵アエングミ″(左)の生育状態。右は感受性イネ "Aixueru"(Yang et al., 2000 より)

優性遺伝子が抵抗性に関与していたと報告している。

　Kang et al.(2002)は韓国の短粒型雑草イネである燕技アエングミ-11系統からDNAを抽出し反復配列を見つけ，これを分離して植物，微生物，動物などの遺伝的多様性を識別するURPプライマーを開発した。このプライマーは韓国のあるベンチャー企業が製品として製造し販売している。

6. 雑草イネの遺伝的特性

　雑草イネは大部分種皮が赤色で，脱粒しやすく，有芒で，粒重が軽く，分蘖力が強い。種皮の赤色はタンニン系の色素であって第7染色体上にある Rc 遺伝子と第1染色体上の Rd 遺伝子が補足的作用をして現われるものである。Rc 遺伝子単独では褐色種皮を発現し，Rd 遺伝子は触媒のような役

割をするとされている(Kinoshita, 1990)。野生イネはすべて赤色種皮をもっていて雑草イネも大部分が赤色種皮を発現するが，栽培イネはごく一部だけが赤色で大部分は白色である。この事実からみて，もともとイネの種皮は赤色であって，白色は突然変異によって発生したものと判断される。野生，雑草，栽培イネの赤色種皮の遺伝的背景を相互比較した研究はまだ見られないが，これらは同じ遺伝子の支配を受けているものと推定される。

　脱粒性は栽培イネにおいては第1染色体の劣性遺伝子 $sh2$，第4染色体の優性遺伝子 $Sh3$，第11染色体の劣性遺伝子 $sh1$ などが関与すると報告されている(Kinoshita, 1990)。野生イネの脱粒性は第1，4，8，11染色体にQTLが報告されている(Cai and Morishima, 2000)。野生イネにおいては第1，8，11染色体で脱粒性と種子休眠性のQTLが連鎖していて，これらは多因子連鎖を示すと報告されていて，雑草イネの脱粒性も休眠性とのあいだに連鎖があるものと推定される。雑草イネの脱粒性遺伝に関与する報告はまだないが栽培イネや野生イネと類似したものと考えられる。

　芒は栽培イネにおいて第3，4，5，8染色体の優性遺伝子 $An3$，$An1$，

写真3　雑草イネの芒

An2 および *An4* などがそれぞれ報告されているし,雑草イネの芒を支配する QTL は第1染色体の脱粒性 QTL と同じ位置に存在すると報告されている(Bres-Patry et al., 2001)。

7. 雑草イネの分類と起源

雑草イネとしては,世界中で栽培されいている *Oryza sativa* に属するものだけでなく,*O. nivara, O. rufipogon, Zizania aquatica* なども雑草イネとみなされることもある。しかしここでは *O. sativa* に属する雑草イネだけに関して分類と起源を調べてみることにする。

Oka(1988)は雑草イネもインディカ型とジャポニカ型に区分することができ,インドに自生する雑草イネはインディカ型に属し,中国の檜稲,韓国のシヤレイビオはジャポニカ型に属すると述べている。Suh et al.(1992)は韓国の雑草イネ1113系統を収集して種子の長幅比を基準に長粒型と短粒型に区分した。その後 Suh and Morishima(1994)はアイソザイム変異を調査して雑草イネはジャポニカ型とインディカ型に分類でき,ジャポニカ型雑草イネはアイソザイムの変異が少ないがインディカ型雑草イネはアイソザイム変異が大きいと報告している。湯・森島(1997)は形態・生理的変異を根拠に雑草イネをインディカ栽培型,インディカ野生型,ジャポニカ野生型の3群に分類した。Suh et al.(1997)は形態・生理的特性,アイソザイム変異を根拠に雑草イネをインディカ栽培型(I群),インディカ野生型(II群),ジャポニカ栽培型(III群),ジャポニカ野生型(IV群)の4群に分類した(図3)。Cho et al.(1995)は RAPD(random amplified polymorphic DNA), RFLP(restriction fragment length polymorphoism)などの変異を基準に韓国の雑草イネを分類して形態的な長粒型,短粒型の分類と完全に一致することを報告した。そのほか SSLP(simple sequence length polymorphism),AFLP(amplified fragment length polymorphism)などの技法を利用してマレーシア,ウルガイの雑草イネも分類している。

雑草イネの起源は単一ではなくていくつかの場合があるものと思われる。そのひとつは野生イネと栽培イネのあいだの自然交雑後代において発生する

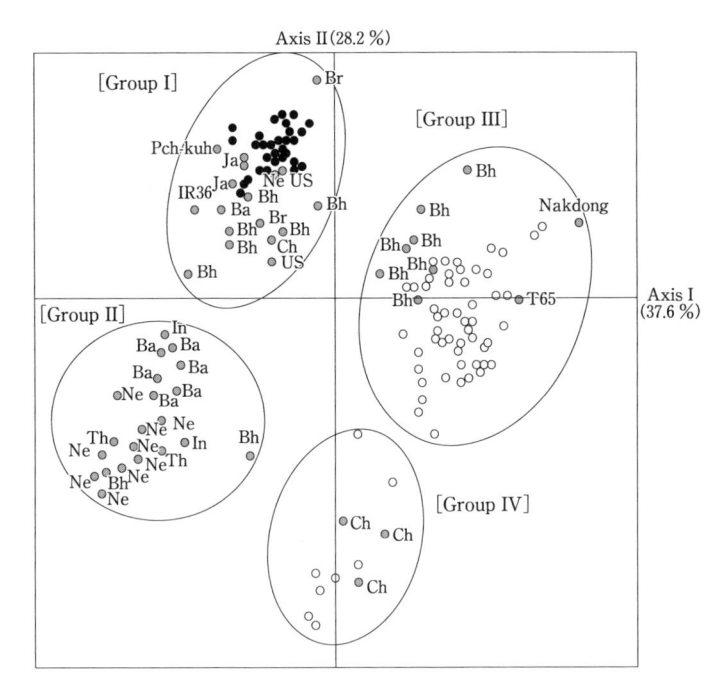

図3 雑草イネ 152 系統の塩素酸カリ抵抗性，稈毛長，フェノール反応，100粒重，休眠性，脱粒性，アイソザイム 14 遺伝子座の変異に基づいた主成分分析 (Suh et al., 1997 より)。●：韓国長粒型，○：韓国短粒型，● Ba: バングラデシュ，Bh: ブータン，Br: ブラジル，Ch: 中国，In: インド，Ja: 日本，Ne: ネパール，Th: タイ，US: アメリカ合衆国由来の雑草イネ

というものである。雑草イネの起源に関して Oka(1988) は熱帯アジアでは野生イネと栽培イネのあいだに交雑が起きて雑草イネが起源したと考えた。Suh et al. (1997) はバングラデシュの雑草イネにおいて，野生イネ固有の *Est10* のバンドを発見して野生イネと栽培イネが交雑して雑草イネが発生しうることを証明した(表3)。第二はジャポニカ型とインディカ型間の自然交雑後代において発生したという場合である。Suh et al.(1997) は雑草イネの核 DNA の RAPD(random amplified polymorphic DNA)＊ と葉緑体 DNA 構

＊ 10 塩基程度の DNA をプライマーとして用いて DNA を増幅し，増幅した DNA のサイズの違いにより DNA 多型を検出する方法。

表3 雑草イネの核 DNA の RAPD とアイソザイム *Est10* の変異および細胞質内葉緑体 DNA の比較(Suh et al., 1997 より)

区分	系統	アイソザイムによる分類群*	核RAPDおよびアイソザイム[*2]				細胞質タイプ[*3]
			OPQ05	OPR15	CMNA32	*Est10*	ORF100
栽培イネ(インディカ)	IR36	I	a	a	a	1	D
雑草イネ	S401	I	a	a	b	1	D
雑草イネ	W1714	I	a	a/b	a	1	N
雑草イネ	US1	I	a	a/b	a	1	N
雑草イネ	W2064	I	a	a	a	4	D
雑草イネ	S434	J	b	b	b	2	N
雑草イネ	Ch79	J	b	b	b	2	N
雑草イネ	BT1Ac	J	b	b	b	2	N
栽培イネ(ジャポニカ)	台中65	J	b	b	b	2	N

* I：インディカ，J：ジャポニカ
[*2] a：インディカ，b：ジャポニカ，1：インディカ，2：ジャポニカ，4：野生イネにそれぞれ特異的なバンド
[*3] D：欠失型(インディカ型)，N：非欠失型(ジャポニカ型)

造を比較して，雑草イネの一部の系統はジャポニカ型細胞質にインディカ型の核をもっていることを見出して，ジャポニカ型とインディカ型間に自然交雑が起こり雑草イネになったと報告している(表3)。第三の説は占城稲(日本の大唐米，韓国の山稲)のような昔の赤米の後代が残っていて雑草イネになった可能性があるというものである。嵐(1974)は，14世紀初めにインドシナ半島の占城国*から悪い環境でもよく育つインディカ型赤米 "占城稲" が中国に導入されて栽培され，それが14世紀末から17世紀にわたって日本へ導入されて栽培され，その後裔が残って日本の赤米になった可能性を提示した。

そのほか，突然変異，種子の退化なども雑草イネ発生の一原因になりうるものとみられる。

---

* チャンパ。チャム人が建てた国で，現在のベトナム中部アンナン地方にあった。にわとりのチャボの原産地として知られている。

第III部

野生イネの過去, 現在, そして未来

野生イネ *O. rufipogon* と栽培イネが違う道を歩き始めたのは 1 万年近い前と考えられる。原始的な栽培イネがいかにして現在のイネにまで進化したかに関心をもつ人は多いし，研究も多くなされた。一方野生イネについては，そのとき以来どう進化したかに思いをはせる人は少ない。しかし，まったく進化しなかったはずはない。当時の未分化の野生イネがどんな姿をしてどんな生き方をしていたかを知るのは生物学では不可能であろう。時間軸をさかのぼれるのは考古学だけである。遺物として発掘される生物のかけらから当時の姿を類推できるのは外観の一部だけであったが，そういうものからも DNA が採れそして解析できるようになって考古学と遺伝学のあいだの距離はいっぺんに小さくなった(第 7 章)。

　イネの遺跡発掘や考古学研究がもっとも盛んに行なわれている中国は，いろいろな状況証拠からイネの栽培化を考えるうえで重要な舞台であったことは疑いない。しかし中国の野生イネの現状について国外の研究者が知ることは長いあいだひじょうに難しかった。今回は，野生イネの現地調査の経験もあり進化遺伝学的研究にも従事した著者によって，中国の自生地の状況や野生イネ研究の現状に関し貴重な情報が提供された(第 8 章)。

　最後に，私たちが定点観測と称して 20 年以上も調査を続けたタイの野生イネ集団について紹介する。この長期的な調査研究を始めたときの目的は，野生イネ集団のデモグラフィーと遺伝変異の継続的なデータをとり，環境条件の変化と総合して集団のダイナミックな姿を理解するという集団生物学の研究のはずであった。それがあれよあれよという間に，バンコク周辺の都市化と環境汚染が進行し，私たちは野生イネ集団絶滅の目撃者になってしまったことは第 9 章からおわかり頂けるだろう。そのなかの 1 集団についてのケーススタディが第 10 章で紹介される。生育地の環境撹乱と栽培イネからの遺伝子移入が，野生イネ集団の存続をおびやかしている重要な要因であることが示された。今私たちがやらなければならないのは何だろうか。

第7章

野生イネの考古学

静岡大学・佐藤洋一郎

　野生イネを研究する目的のひとつはイネの進化のプロセスを理解することにあるが，進化は時間を抜きに語れない事象である。しかし生物学とはもともと時間の概念がない学問である。「栽培イネが野生イネから進化した」とはいってみても，目前にある野生イネは栽培イネを分化させた当時の野生イネとは，厳密にいえば別物である。その意味では，イネの進化を研究するに際して，出土するイネ遺物のような「過去のイネ」を研究することが重要となる。私は，こうした観点から，遺跡から発掘される遺物の分析を続けてきた。

　本章では出土したイネや古文献に表われた野生イネについて，2部構成で過去の研究成果をとりまとめてみたい。初めに，遺跡からでてきた遺物にどんなものがあるかを紹介しよう。ついで，中国，韓(朝鮮)半島，熱帯の各地域における遺物の出土状況からみたイネの起源や伝播について書いてみたい。なお第2節の内容に関しては最近，中村慎一氏が『稲の考古学』(2002)というすぐれた書物をだしている。中村氏は中国で実際に発掘に携わってきた経歴をもちその事情にも詳しいので，あわせて読むことを薦めたい。

1. 遺物としてのイネ

　遺跡からはイネのいろいろな器官が出土している。肉眼で見てもそれとわかる種子や葉などの器官(またはその断片)のほか，花粉，細胞中に蓄積した

ケイ酸体などがそれである。とくにケイ酸体は、イネがケイ酸植物であることもあって、日本や中国の遺跡から多量に出土している。ここではそれぞれについて簡単に説明しておきたい。

種子の圧痕

古くから考古学的に注目されてきたイネの遺物といえば、真っ先にあげられるのが籾などの圧痕である。圧痕とは、稲籾や玄米などが製造中の土器の胎土に紛れ込み、その後脱落したことで土器にできたへこみをいう。それはいわば籾の鋳型であり、もしその跡に石膏のような流動物を流し込めば当時の籾の形がそのまま復元される。

種子の圧痕は各地で見つかっている。日本でも、古く山内清男氏が大正7(1918)年に宮城県多賀城市(現在)の桝形囲貝塚で発見された土器の底部に籾の圧痕があるのを見て、「……我石器時代人の中には稲を培養し、農耕を行いたるものありしを証明してなお余りある」(山内、1924)と書いている。

イネの籾殻は東南アジア各地で煉瓦の補強材としてしばしば使われてきた。多くの場合圧痕が偶然にできたものであるのに対し、煉瓦中の籾殻あるいはその圧痕は意図的なものである。古い時代の建物の煉瓦片のなかなどには、今も当時の籾殻を見ることができ(写真1)、イネあるいは稲作の存在証明として広く認知されてきた。渡部忠世氏が、煉瓦片中の籾殻の形状を調査してイネ品種の伝播を論じた「稲の道」は、あまりに有名である(渡部、1977)。

種子

イネの種子もまた、多くの遺跡から多量に出土している遺物である。その多くは籾が外れたいわゆる玄米の状態で出土しているが、籾つきのまま出土するものも少なくない。あるいは籾殻だけが出土するケースも少数ながら知られている。籾殻や籾つきの種子は、玄米よりはるかに多量の情報を含んでいる。

形態一般

籾殻(あるいは籾)の形は古くから品種を分類する指標として用いられてきた。松尾(1952)は世界各地から集めた1600あまりのイネ品種を用い、それ

写真 1 レンガ中の籾圧痕。タイ・アユタヤ遺跡内のレンガ塀の一角で，1996年12月佐藤撮影。これは焼きレンガであるが，日干しレンガ中にも同様の圧痕があることが知られている。

らを長さと幅2形質によりa，bおよびcの3タイプに分けた。またこれに草型などの形質を加えてA，BおよびC型に分類した。これに先立ち加藤ほか(1928)はイネ品種をインド型(インディカ型)と日本型(ジャポニカ型)とに分けたが，区別に使われる形質のなかに籾の形を加えている。

籾型はイネの品種の分類には役立つ形質ではあるが，それは必ずしも品種の系統関係を反映してはいない。よく，「インディカは細長い籾を，ジャポニカは丸い籾をもつ」というが，それはあくまで俗説である(佐藤，1991)。このことは現在アメリカ合衆国で栽培される品種のほとんどがジャポニカに属しながら籾型について多様な変異をもつことからも明らかであろう。

籾殻の構造を観察すると，頻度は低いながらも品種群に固有の形質をもつものがある。奈良県田原本町の唐古・鍵遺跡や滋賀県守山市の下之郷遺跡からは護穎が長く発達する長護穎の系統(写真2)の穂が出土している。長護穎の性質は熱帯ジャポニカといわれる品種群に固有の遺伝形質なので，長護穎があったことは当時の品種のなかに熱帯ジャポニカがあったことを強く示している。

写真2 長護穎の種子(左)と正常型の種子(右)

籾殻の細胞の形態

張　文緒氏は，籾殻表皮の細胞に「乳頭双突」(あるいは双峰乳突とも呼ばれている)といわれる構造(写真3)が発達し，その形態が品種群によって異なるとしている(Zhang, 2002)。「乳頭双突」は文字通り細胞の一部に生じたふたつのピークをもつ突起で，ふたつのピークの間隔や尖り，それらの角度などが品種・系統によって異なるという。Zhang(2002)は，その形態の変異を数値化して多変量解析を行ない，多数の系統を分類した。彼の結論は過去の中国にあったイネ(彼はこれを古栽培稲と呼んだ)は，現存のインディカ，ジャポニカさらにはルフィポゴンの変異をも含むほど広く，したがって太古の中国のイネがこれら3種の変異を内包しその起源である，というものである。

ただしZhang(2002)の研究は，現存の系統を用いての分析が十分とはいえない。さらに本来が立体的な構造をとる「乳頭双突」の個々の部分をどれだけ客観的に計測できたか，さらにそれが断片化された籾殻で果たして正確に計測できるかなどの点に疑問が残る。しかしながら「乳頭双突」の変異に着目し，それを遺跡の土壌中から検出して古代のイネ品種の特性を明らかにしようとした点は評価されてよい。

芒の形態

出土したイネ種子のなかで，それが野生イネであることが確かなものはご

第 7 章　野生イネの考古学　127

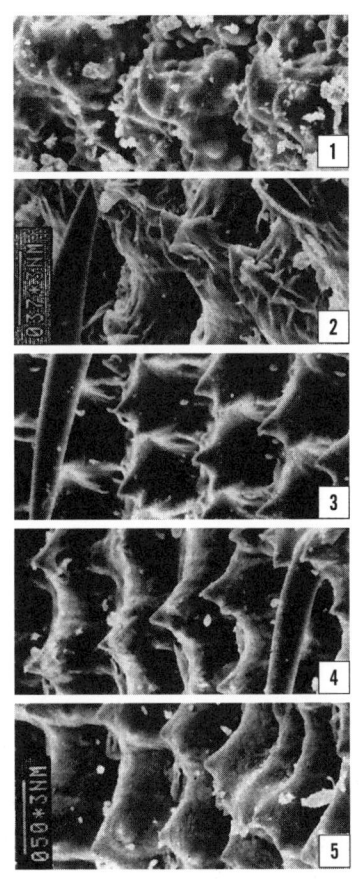

写真 3　双峰乳突の写真(湯・張, 1996 より)。イネの籾殻(頴花)の表皮には写真のような構造が発達しており, 張らはこれを双峰乳突と呼んだ。写真は異なる 5 系統の双峰乳突を示す。

く少ない。私が知る限りでは, 湖南省・玉蟾岩遺跡(12000 年前), および浙江省・河姆渡遺跡(7000 年前)から出土した種子の 2 点があげられる。かつて日本でも, 野生イネの種子ではないかと騒がれた種子が出土したことがあった。直良信夫氏が 1954 年暮れに東京都中野区でたまたま発見したもので, 直良は地層の年代からその種子を 11000 年ほど前のものと推定した。そのイネ種子が栽培イネの種子か, それとも野生イネのそれかについては同年の「稲作研究会」(代表：柳田國男)で論議がたたかわされたが, 結論はでな

かった。ただし直良はそれを野生イネの種子と考えていたようである。なお残念なことにこの種子は，最近の年代測定によると近世ころのものであった可能性が高い(春成秀爾，私信)。地層の年代と遺物の年代が必ずしも一致しないことを示すよい例であろう。

河姆渡遺跡出土のイネ種子の相当数は籾殻つきで，なかには，形態学的にみて野生イネの種子であったことが明らかなものも含まれている。Sato et al.(1991)は同遺跡から出土したイネ種子81粒の芒および籾基部の形態を電子顕微鏡で調査した。芒とは，籾の先端に生える棘様の器官で，長いものでは10 cmにも達する。ここでは河姆渡遺跡から出土した種子の形態に関するデータを詳細に紹介しておこうと思う。

この81粒のうち5粒には芒を着生した痕跡がなく，これらは栽培イネの種子と考えられた。芒をもたない野生イネは今までのところ知られていないからである。もっとも，芒をもつ栽培品種は存在するので，芒の存在だけでその種子を野生イネの種子と断定することはできない。さらに芒の基部の構造を電子顕微鏡下で詳しく調査すると，その表面につく鋸歯(写真4)の密度と発達の程度が種や系統によって大きく異なることがわかった(図1, Sato et al., 1991)。まず栽培イネでは，芒の基部に鋸歯がないか，あってもその

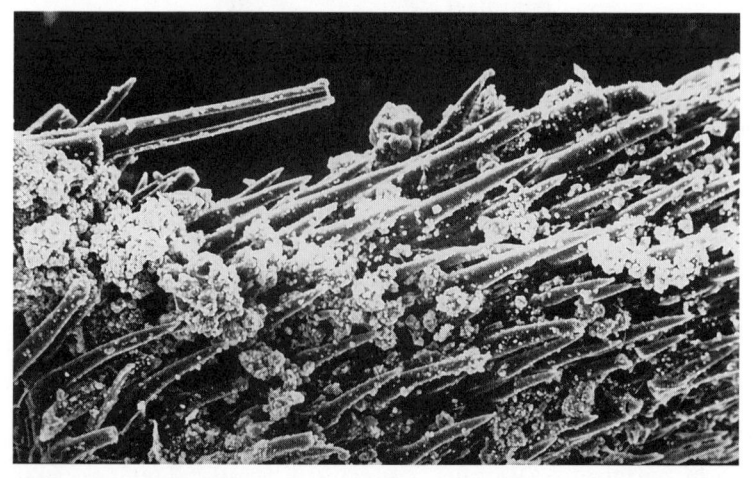

写真4 浙江省河姆渡遺跡出土のイネ種子(7000年前)の芒に見られた鋸歯の電子顕微鏡写真

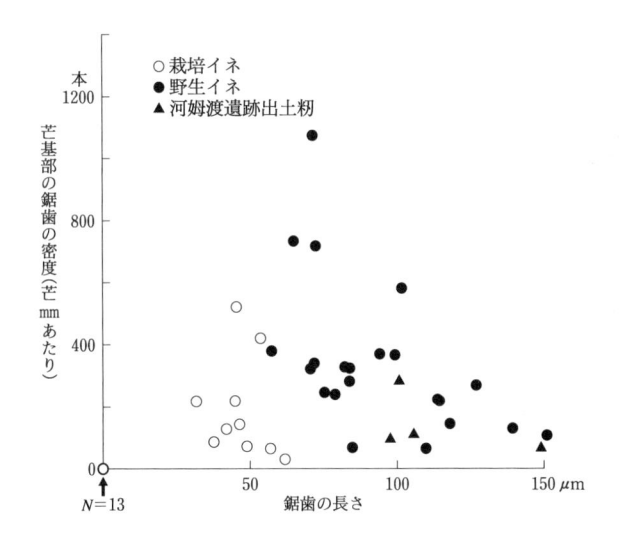

図1 野生および栽培イネの系統における鋸歯の長さと密度の相関

密度はごく低い品種が多かった。一方野生イネでは鋸歯は長さも長く，また鋸歯の密度も栽培イネに比べてはるかに高かった。さらに興味深いことに，野生イネのうち一年生の系統と多年生の系統では鋸歯の発達の度合いが大きく異なり，一年生系統は「長さは短いが密度は高」く，反対に多年生の系統では「長さは長いが密度はやや低い」傾向が顕著であった。図1には，河姆渡遺跡から出土した，芒をもつ4つの種子の鋸歯のデータをあわせて載せてある（なお残り1粒については傷みのため長さが計れずデータから除外）。これを見ると調査ができた4粒については，その鋸歯の長さと密度の値からみて多年生型野生イネに類似の系統であったことがわかる。こうした事実から私たちは河姆渡遺跡の出土種子中に野生イネの遺伝子型をもつものが少数ながらあったと思われると主張した。

籾基部の構造

　籾の基部にも，野生イネと栽培イネを区別する重要な鍵がある。写真5は河姆渡遺跡出土のある1粒の基部を下から撮ったものであるが，中央部にこぶのような突起がついているのが見える。これは穂軸の断片で，この種子が物理的な力によって穂からひきちぎられたこと，つまり人為的に脱穀された

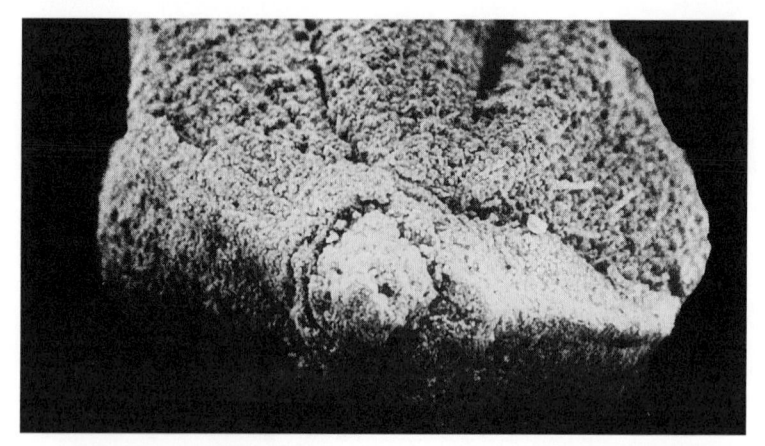

写真5 浙江省河姆渡遺跡出土のイネ種子(7000年前)の基部に見られた枝梗断片。中央の丸く見える突起がそれ。

ことを示している。野生イネの場合には，成熟した種子は自然に脱粒するが，自然脱粒は籾の基部に離層が発達することによって起きる。そのメカニズムは落葉と同じであるが，それは籾(花)が葉の変形であることを考えればうなずける。

河姆渡遺跡出土の種子のなかには，穂軸の断片のないものも見られた。これらについては，それが自然脱粒の結果か否かは明らかではない。というのは穂軸の断片が脱穀後に脱落するケースもあるからである。

プラントオパール

プラントオパールとは，イネ科などの植物の葉にたまったケイ酸の塊(ケイ酸体という。写真6参照)がのちになって地中から掘りだされたものをいう。植物のなかには，土中のケイ酸を選択的・戦略的に吸収するものがあり(ケイ酸植物という)，それらは吸収したケイ酸を葉などの特別の細胞内に蓄積させる。たとえば葉身の葉脈にそって並ぶ機動細胞には，多量のケイ酸が溜ることが知られている。このとき機動細胞の形が種によって固有なため，出土したケイ酸体(つまりプラントオパール)の形状を観察することで当時どんな植物があったかを推定できる。なおこうした分析の方法をケイ酸体分析(あるいはプラントオパール分析)という(藤原，1998)。

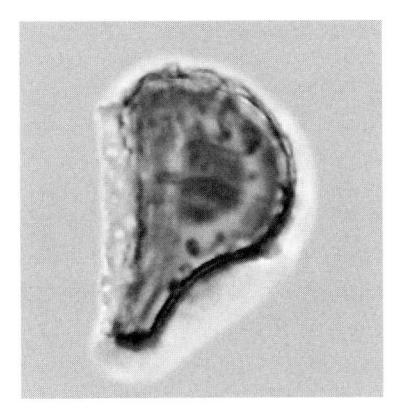

写真 6 土中から発掘されたイネの葉身機動細胞由来のケイ酸体
（写真提供：高橋　護氏）。出土したケイ酸体はとくにプラントオパールと呼ばれる。

　考古遺跡から野生イネのプラントオパールが出土したという明確な証拠はない。というのは，プラントオパールの形態によって，野生イネと栽培イネとを完全に識別することは困難だからである。そこでここでは野生イネと栽培イネを区別せずに，遺跡から出土したプラントオパールについて書く。
　江西省南部の仙人洞遺跡では，洞穴内の11000年ないし14000年ほど前の地層から，少量のイネの籾殻由来のプラントオパールが発見された（Mac-Neish et al., 1998）。イネの籾殻にケイ酸が蓄積しケイ酸体を形成することは確かであるが，残念なことにその形態が品種間，あるいは野生イネと栽培イネのあいだで異なるかどうかはわからない。また，出土したプラントオパールそのものからその年代を推定することもできない。籾殻のケイ酸体の形で野生‐栽培イネを区別できなければ，出土したプラントオパールが，収穫された栽培イネのものであったか，または採集された野生イネのものであったかの区別ができない。仙人洞遺跡のイネが世界最古のイネであるかどうかの判断はもう少し保留しておくのが賢策であろう。
　ただしケイ酸体の形は，インディカとジャポニカのあいだでは有意に異なる（佐藤ほか，1990）。宇田津ほか（2000）をはじめ日中の研究者たちは，この性質を利用して古代における長江流域のイネ品種の多くがジャポニカに属するものであったと推定している。このことは後に述べるDNA分析の結果と

も一致しており，長江流域のイネが大昔にはジャポニカに類するものであった可能性が高い。

出土する花粉

遺跡の地層中から出土する遺物のなかで，プラントオパールとともに出土量の多いのが花粉である。花粉は高等植物の多くの種に普遍的に認められるので，出土する花粉の種類と量の特定は当時の植生や古環境などを正確に推定するのにきわめて有効な方法とされてきた。たとえばYasuda(2002)は世界各地の湖底堆積物中の花粉を分析し，地球レベルでの環境の変動を明らかにしつつある。

花粉の形態の分析では多くの場合，その属レベルでの判定がやっとで，種，亜種レベルでの分析は困難なケースが多い。イネの場合も，イネあるいは稲作があったかどうかを出土する花粉だけからする判断することは今のところ困難なようである。ただしイネ科植物が増加するという事実は，ヒトによる撹乱などなんらかの変化が生態系のなかに生じたことをさし示すものと考えられる。こうしたヒトの撹乱を含めた生態系の変化は花粉分析によってうまく捉えることができる。

2. 野生イネの考古学：地域を考える

中国における野生イネの考古学

野生イネの考古学がもっともすすんでいる地域は間違いなく中国である。野生イネに特定せずに，時代ごとに研究成果を拾ってみることにしよう。
今のところ中国でもっとも古いイネの記録がとられているのは江西省の仙人洞遺跡である(MacNeish et al., 1998)。ここからは11000年ないし14000年前の地層中から，イネの籾殻のプラントオパールが出土している。もしこれが野生イネのものということになれば仙人洞の先人たちは野生イネを採集して利用していたことになるし，栽培イネのものであるならば人々が稲作を行なっていたことになる。

江西省の西隣，湖南省の玉蟾岩遺跡からは2粒の籾殻が出土した(袁，

2000)。出土の種子は 12000 年ほど前の地層中から出土したものであるが，これは形態的には野生イネの種子と考えられた。この年代に問題がなければ，12000 年前の玉蟾岩の人々は野生イネの種子を採集していたことになる。なお，一部の出版物には湖南省南部に玉蟾岩遺跡のほかに蛤蟆洞遺跡(ハーマードン)という別な遺跡があるかのように書かれたものもあるが，玉蟾岩遺跡と蛤蟆洞遺跡とは同一の遺跡である。

玉蟾岩遺跡の種子が野生イネのそれであるという根拠は湖南省文物考古研究所の袁所長の見解による（袁，2000）。私もまた，1985 年に同研究所を訪問した折に玉蟾岩遺跡の種子を観察したことがあり，芒の構造などからそれを野生イネのものと考えられるとコメントしたことがある（1995 年 8 月）。ただし私はこのとき，当該種子が形態的には野生イネにきわめて類似していると述べたあとで，「12000 年前の種子としては損傷が小さいように思われる」ともコメントしておいた。つまり婉曲ながら当該種子が 12000 年前のものとしては新しく見えると述べたものだが，残念ながらその部分は落とされてしまった。玉蟾岩遺跡の年代値は「野生イネの種子」が出土した地層の年代値であり，種子そのものの年代値ではないことに注意したい。

こうしたことを考えると，10000 年をさらに遡る時代に稲作があったかどうかについては，今後なお研究が必要である。

10000 年前より新しい時代になると，長江流域の各地からイネの遺物が出土するようになる。湖南省澧県の彭頭山(リーシェン ペェントーサン)遺跡からは，籾の圧痕のついた約 9500 年前の土器片が出土している。ただしこの圧痕が栽培イネの種子によるものか，それとも野生イネのそれであるのかは不明である。

さらに時代が下り，今から 6000 年から 7000 年ほど前になると，各地の遺跡からイネそのものやプラントオパールなどが見つかるようになる。そしてこの時代の遺跡になると，その年代が確実に決定されてくる。たとえば浙江省・河姆渡遺跡から出土したイネ種子の年代は炭素 14 法（^{14}C）により紀元前 5000 年前のものと報告されている。ほかにも湖南省・城頭山(ツェントーサン)遺跡，江蘇省・草鞋山(ツァウシェーサン)遺跡などから出土したイネについては，その年代およびイネの特性に関して詳細な分析が行なわれ，当時のイネや稲作のようすがしだいに明らかになりつつある。

城頭山遺跡などから出土したイネ種子にはDNA分析が加えられている。Yano et al.(2002)は城頭山遺跡から出土したイネ種子7粒のDNA分析を行なったところ，7粒すべてが，その葉緑体DNAのPS-ID領域(Nakamura et al., 1997)の配列がジャポニカ型のイネ品種に固有のタイプである6C7A型であることがわかった。イネのPS-ID領域はその先頭部分がAストレッチ(4種類の塩基のひとつであるアデニンが並ぶ部分)とそれに続くCストレッチ(シトシンが並ぶ部分)からなり，CとAの数によって品種群の識別が可能である(図2)。6C7A(つまり6個のCに続いて7個のAが並ぶ配列)は，おもにジャポニカ品種や多年生の野生イネ O. rufipogon に見られるタイプなので，城頭山遺跡から出土したイネがジャポニカであった可能性が高いことがわかる。

また，江蘇省の草鞋山遺跡から出土した種子もDNA分析が行なわれた(佐藤洋一郎，未発表)。このときはまだPS-IDの存在は知られておらず，同じく葉緑体DNAのORF 100領域にある69塩基対の欠失の有無を調べた。この欠失はおもにインディカ品種や一年生の野生イネ O. nivara に見られるタイプなので，その有無はインディカとジャポニカの判別に有効である(Chen et al., 1993)。草鞋山遺跡出土のイネ種子におけるこの欠失の有無を調べたところ，そのすべてが非欠失のタイプであった。

これまでのところ中国の遺跡(5000年以上前)から出土したイネ種子13粒を調べたところ，そのすべてがジャポニカ型であることがわかっている。つまり長江流域の地帯はイネの起源地というよりジャポニカの起源地である可

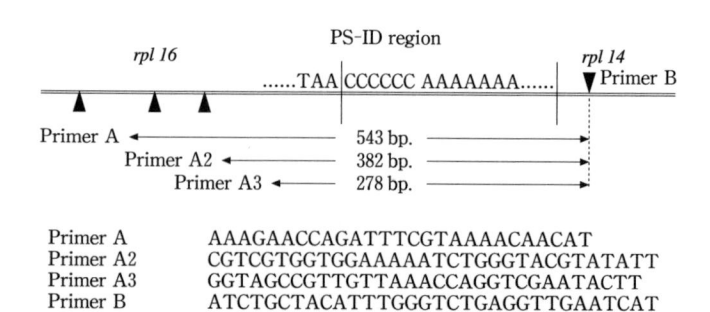

```
                     PS-ID region
      rpl 16                                      rpl 14
 ─────▲──────▲─▲──── ......TAA|CCCCCC AAAAAAA......─▼── Primer B
Primer A ◄──────────────── 543 bp. ────────────────┤
         Primer A2 ◄──────── 382 bp. ──────────────┤
              Primer A3 ◄─── 278 bp. ──────────────┤

   Primer A      AAAGAACCAGATTTCGTAAAACAACAT
   Primer A2     CGTCGTGGTGGAAAAATCTGGGTACGTATATT
   Primer A3     GGTAGCCGTTGTTAAACCAGGTCGAATACTT
   Primer B      ATCTGCTACATTTGGGTCTGAGGTTGAATCAT
```

図2 イネの葉緑体DNAのPS-ID領域の構造を示す模式図

能性が高い(佐藤・藤原, 1992)。この問題について，中国の研究者たちは，長江流域で生まれたイネはインディカとジャポニカの双方を含むと考えた(たとえば游, 1990など)。その根拠は，河姆渡遺跡で出土したイネの7割ほどが粒の細長いいわゆる長粒米であったという事実のみである。しかし，粒の形は，少なくとも現在のイネ品種に関する限りでは，インディカとジャポニカの違いを表わすものではない(佐藤, 1991)。粒形はインディカ‐ジャポニカの違いを代表しない。

今から5000年ほど前になると，稲作遺跡は今の中国における主要な稲作地帯のほぼ全体にまで広がるようになる。この時代は長江文明が長江流域に展開した時期に一致する。おそらくこの時期にはいって，イネは長江流域の全体に万遍なく広がったのであろう。

中国の野生イネはいつ絶滅したか

このように中国では数千年も前から稲作が行なわれてきたが，野生イネはその後どういう運命をたどったのだろうか。野生イネの現在における分布の北限は江西省東郷(北緯28度)にある。しかし河姆渡遺跡(北緯31度)には，7000年前には野生イネがあったことが明らかであるので，野生イネはこの7000年間に緯度にして少なくとも3度(約300キロ)南下したことになる。

中国には，野生イネの存在を記載したと思われる古文献がいくつか知られる。游(1990)によると，野生イネは文献上，西暦紀元前後から17世紀までのあいだに，長江流域だけで10回ほど登場する。それは，地球が乾燥し寒冷化していたと思われる時代を含む各時代にも登場していることから，野生イネの絶滅はここ1万年の気候変動とは無関係に起きたのかもしれない。すると一番可能性が高いのはヒトによる生態系の改変ということになる。

記録に表われたこれらのすべてを野生イネであったと断じることはできないが，野生イネは1万年という稲作の歴史のなかではごく最近まで長江流域にも存在し続けた可能性が高い。

韓半島におけるイネの考古学

韓半島でも最近では古い時代のイネ遺物が次々出土しつつある。甲元

(1999)によると、韓半島では3000年前くらいから稲作が広まり半島南部全体に及ぶようになった。ところがごく最近になって、中清北道の清州市郊外の小魯里(ソロリ)遺跡で、13000年前を超える地層中からイネが出土したという発表がなされた。発掘担当者の李(2000)によると、イネが出土した地層は、撹乱の跡の見られない黄土色の厚い層の下にある泥炭層のなかで、地層の年代は上層で12500年前、下層で17300年前であるという。ただし出土したとされるイネ種子は、外見上はきわめて新しいもののようにも見えた。李によると、出土した後もその色はしばらくのあいだ変わらなかったという。こうしたことから考えると、この種子が真に13000年も前のものであるかどうかは疑わしいといわざるを得ない。

なお形態的にはこれらの種子は芒をもっていなかった。また一部の種子は穂軸の断片をともなっていたので、明らかに栽培イネの種子と考えられる。不思議なことに、イネのほかにイネ種子と似た形状の種不明の植物の種子が少量出土している。また、ほかの出土物としては少量の石器が見られるだけであるという。するとこのイネを栽培していた人々は農具も何ももたない人々であったという何とも不思議な絵を描かなければならなくなる。この遺跡の素顔、とくに年代値についてはまだ白紙の状態というべきであろう。

小魯里遺跡から出土したイネ種子は、Suh et al.(2000)によってDNA分析が行なわれている。分析に使用したのは12塩基のランダム・プライマーで、その結果は出土種子はジャポニカに近縁であるという。実験の精度は最新の研究成果と比べるとやや低いといわざるを得ないが、彼らの動向には今後も注視しておく必要がある。

熱帯アジアにおける野生イネの考古学

熱帯アジア各地にもイネの遺物が出土した遺跡はいくつかある。その分布を図3に示した。図に示されたように、熱帯アジアにはインドからベトナムにいたる各地にイネが出土した遺跡が分布する。しかし熱帯には、中国のように7000年にも及ぶ古い稲作遺跡はない。

ここで大事なことは、熱帯には遺跡がないのではなく、稲作の跡が証明できる遺跡がないということである。遺跡そのものが見つからないというので

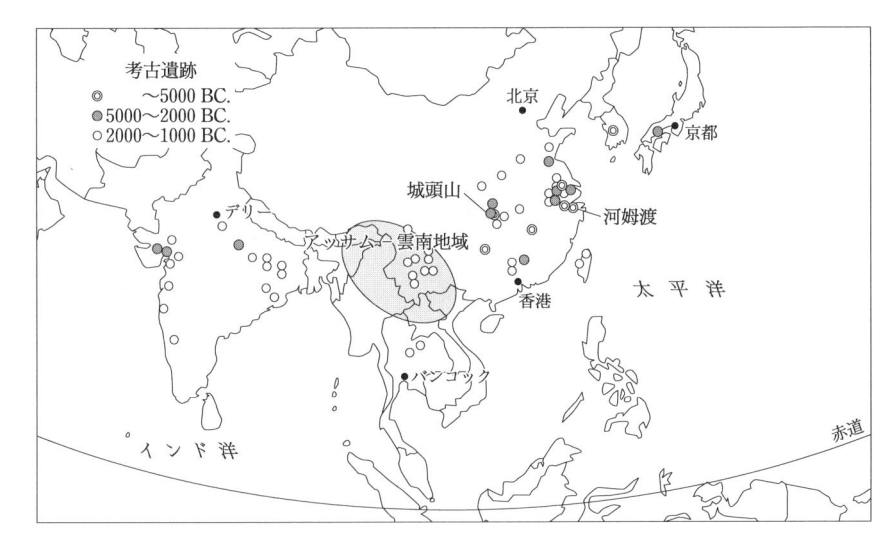

図3　東アジア各地における稲作の跡の認められる考古遺跡の分布

あれば今後の発掘によって新たな遺跡が見つかる可能性はあろう。しかし，遺跡はあっても稲作の跡が見つかる遺跡がないというのであるから，熱帯アジアには5000年前を大きく遡る稲作の遺跡はないと考えざるをえない。しかしそれはどうしてであろうか。以前はインドが稲作の起源地とされた時期があったが，そうであるならばインドにおける稲作の開始はそこそこに古くなければならない。ところが，インドにおける稲作の歴史は中国における稲作の歴史のたかだか半分強の長さをもつにすぎない。

イネに限らず栽培化の始まりは，環境の悪化などのネガティブな理由によることが多いということが最近わかってきている(Yasuda, 2002)。環境変動の波が熱帯アジアには届かなかったとすれば——あるいは届いていたところでヒトの集団に農耕を強いるほどの大きな変化でなかったとすれば——，そこでは長く狩猟と採集の経済が続いていたのであろう。熱帯アジアにおける稲作の開始が中国に比べて遅かった背景には，こうした生態的な条件が潜んでいるのであろう。

考古学的な発見はより古い遺跡や遺物を発見する方向へと動いてゆく。調

査が進むわけだからそれはある意味では当然のことといえるが，なかにはフライイングではないかと思われるケースもでてくる。ここでも紹介したいくつかのケースについても，その年代値が正しくないものが相当数あるものと思われる。しかしそれでも，私たちは考古学的な情報には耳を傾けておく必要があるだろう。それは，考古学の情報が本質的に時間の経過を含んでいるものだからである。

　理論的には，発掘がアジア各地で十分な密度で行なわれればイネの起源に関する問題には決着がつくことになるが，それにはまだ相当の時間を必要としよう。近未来的には以下のふたつの問題の解決が望まれる。

　まずはインディカの起源を明らかにすることである。インドを含めた熱帯アジアでは発掘もまだ十分に行なわれているとはいえず，今後相当に古い稲作遺跡が発見されないという保証はない。しかしさまざまな事情を勘案すると，熱帯アジアにおける稲作の開始が中国におけるそれに匹敵するほど古くなるとは思われない。とすれば，熱帯における稲作の開始は一元的ではないとも考えられる（普及している説としてはHarlan, 1975）。ともかく熱帯では，栽培とも野生ともつかないいわゆる半栽培の状態が長く続いたことが推定される。

　インディカ品種はジャポニカ品種に比べ，細胞質DNAに多型が見られる。このことは，インディカの起源がひとつではないとの仮説を導かせる。また細胞質DNAの多様性もさりながら，核DNAの多様性が著しく大きい。このことはインディカの起源になんらかの交配が関与したことを示唆する。

　第二の問題は，ふたつのジャポニカである熱帯ジャポニカと温帯ジャポニカの系統関係についてである。この問題の解決にあたっては，それぞれが考古資料上どの時期にまで遡るかを追跡することがさしあたって重要である。

　あとは時間の精度が問題となるが，それはいくらでも修正がきく。それに，最近では年代測定の精度が向上し，いまや米粒の数分の1程度の量の炭化物からそのものの年代が正確に測定できるようになってきた。この分量は，1粒の米粒からDNAを抽出した跡の残滓に含まれる炭化物の量に匹敵するほどに少量である。今後は，遺物からDNAをとり同時にそのものの年代をきちんと推定するという時代がくるかもしれない。

第8章

中国野生イネの実態

日本草地畜産種子協会・才 宏偉

　中国はイネの栽培の歴史が古く，インディカ型とジャポニカ型が共に大面積で栽培されている国という点で世界でも例を見ない。そのうえ，数多くの在来種が残っていて，現在でも山岳地帯では在来品種を栽培しているところが多い。一方，栽培イネの祖先種とされる *Oryza rufipogon*（中国では「普通野生稲」という）は広い範囲でその自生が確認されている。しかしながら，いくつかの原因で中国野生イネの実態が国外の研究者にはよく知られていないのが現状である。この章では実際の研究例を紹介しながら，中国の野生イネにかかわる調査，収集，保存および研究について説明しよう。

1. 中国野生イネの分布と生態

　1978年から1982年にかけて，中国農業科学院を中心に全国規模の野生イネ資源の調査と収集が行なわれた。その調査報告によると，中国では3種類の野生イネ，つまり *O. rufipogon, O. officinalis, O. meyeriana* が存在している。図1に示したように，野生イネの分布範囲は7つの省と自治区にわたり，ごく少数の場所を除き，ほとんどの野生イネが北緯25度以南に集中し，とくに広東省，広西自治区，海南省，雲南省に多い。そして，雲南省と海南省には3種類の野生イネのすべてが，広東省と広西自治区には *O. rufipogon, O. officinalis* の2種類が，江西省，福建省および湖南省では *O. rufipogon* の1種類が発見されている。この野生イネの分布地域は大きく4つの自然地

図1 中国の野生イネ3種の分布図(中国農業科学院, 1986より)。普通野生稲, 疣粒野生稲と薬用野生稲はそれぞれ *O. rufipogon*, *O. officinalis* と *O. meyeriana* の中国名である。図中の台湾の野生イネは絶滅した。

域に分けられる．つまり，①海南区，②二広大陸区(広東，広西および湖南省の江永(チャンヨン)と福建省の漳浦(ツァンプ))，③雲南区，④湘贛区(シャンガン)(湖南省の茶陵(チャーリン)と江西省の東響(トンシャン))である．この4つの自然区の中間地帯では，O. rufipogon の分布は不連続で，今まで何回も調査が行なわれたが，野生イネの存在は確認されていない．

江西省東響野生イネ：北限の普通野生稲

東響(トンシャン)野生イネは1979年に発見されたが，その場所は東響県東源公社(公社は日本の郡に相当)で，北緯28度4〜10分，東経116度36分，海抜45.8 mである．これはアジアに広く分布する O. rufipogon の自生地としては最北の地である．東響県の1月の平均気温は5.2℃，最低気温は−8.5℃，積雪もときどき記録される．現地では野生イネの地上部は冬に全部枯れてしまい，翌年の2月下旬から3月初めにかけて，生き残った株から新しい芽が発生する．出穂開始は9月初めで，11月上旬まで次々と出穂する．全生育期間は約216日前後である．東響野生イネは今までに9つの集団が確認されていたが，現在では石垣で囲んで保護している2カ所以外，ほとんどの集団がすでに絶滅した(写真1)．

湖南省の野生イネ

湖南省には現在までに2カ所に普通野生イネの存在が確認されているが，いずれも1982年に発見されたものである．

そのひとつ，江永(チャンヨン)野生イネは江永県の山に囲まれた盆地の低い丘に散在する十数個の自然池に自生している．位置は北緯25度5分，東経111度2分で，海抜は230 mである．この地域の年平均気温は18.7℃，最低気温は−4℃，年降水量は1500 mm以上で，比較的温暖な場所である．ここの野生イネは水深30 cmぐらいのところに多く見られ，水深1 mを越えるとごく少なくなる．植物はおもに匍匐型で，開花期は9月中旬から11月中旬である．

茶陵(チャーリン)野生イネは江永野生イネと同じく，茶陵県の周囲を山に囲まれた沼地に自生している．位置は北緯26度50分，東経113度40分，周りの山の

142　第Ⅲ部　野生イネの過去，現在，そして未来

写真1　江西省東響野生イネの自生地。石垣で保護している。

写真2　雲南省元江野生イネの自生地。山頂に近い山腹の池。

海抜は250〜300m,沼地は海抜約150mである。この地域の年平均気温は17.9℃,最低気温は-9℃である。茶陵野生イネはつねに水深1mぐらいのところに生育し,植物は直立型が主である。開花期は江永野生イネとだいたい同じである。もともと沼地の面積は500畝(1畝=666.7m²)あまりであったが,1972年以降,大部分は開墾され,1982年には,約50畝の範囲内でしか野生イネは生存していなかった。現在ほぼ絶滅状態にあるという。

江永と茶陵のいずれの野生イネでも集団内で形態と出穂期に変異が見られたという。

雲南省の野生イネ

雲南省ではふたつの県だけに「普通野生稲」が報告されている。それは西双版納県内の24カ所と元江県の4カ所である。いずれも大面積の集団ではなかった。元江県の野生イネは山の頂上近くに散在する池に自生する。海抜780mで,現在知られている中国野生イネの自生地のなかではもっとも高度が高く,栽培イネからは完全に隔離されている場所である(写真2)。

広東省,広西自治区,海南省,福建省の野生イネ

広東省,広西自治区,海南省では野生イネの分布はとくに多く,現在でも数多くの野生イネが自生している。

1917年Merrill氏が広東省の羅浮山で「普通野生稲」を発見した。これが現代中国での野生イネの最初の記録である。続いて1926年,丁穎氏が広州郊外で「普通野生稲」を発見し,その後この野生イネを使って中山1号を育成したのは有名な話である。またハイブリッドライスの基礎になった有名な雄性不稔の系統も海南島で見つけられたものである。1982年の全国野生イネ資源考査報告によると,広東省,広西自治区,海南省では92の県(市)で野生イネの自生が確認されている。当時の分布面積500畝以上の集団が3カ所,100〜500畝のが23カ所であった。広西自治区の馬柳塘にある野生イネ自生地は当時419畝あり,現地の人々は冬に野生イネのわらを収穫して燃料にしていたという。この地域の野生イネのもうひとつの特徴は大部分の野生イネの生育地が水田と隣接し,栽培イネからの遺伝子の流入がかなりあ

写真3 広西自治区六里長塘野生イネ集団。水田と隣接している。

ることである。たとえば広西自治区の六里長塘(リュ リチャンターン)の大集団(1100畝)は中央に国道が通り，野生イネの集団に隣接してイネが栽培されている(写真3)。しかし広西自治区では北緯25度より北にもいくつかの野生イネが分布していて，そのなかには桂林(ケイリン)の自生集団のように栽培イネと完全に隔離されている場所も含まれている。

福建省では漳浦(ツァンプ)県の2カ所だけで「普通野生稲」が報告されているが，具体的な状況についてはほとんど知られていない。我々が漳浦由来の2系統の野生イネのエステラーゼアイソザイムを分析したところ，インディカ型栽培イネの遺伝子がはいっていたことから，栽培イネとの自然交雑が進んでいると思われる。

2. 中国野生イネの収集と保存

野生イネ資源の整理およびカタログ化

1978〜1982年の調査・収集をへて，各種形質や病虫害抵抗性の評価，品

表1 『中国稲種資源目録：野生稲種』に収録された野生イネの系統数，産地および保存地(中国農業科学院品種資源研究所，1991より)

産地およびコード	全国番号	系統数	保存地
広東 YD1	YD1-001-2329	2329	広東農科院水稲所(広州)
広西 YD2	YD2-001-1790	1790	広西農科院品質所(南寧)
雲南 YD3	YD3-001-0051	51	雲南農科院品質所(昆明)
江西 YD4	YD4-001-0173	173	江西農科院水稲所(南昌)
福建 YD5	YD5-001-004	4	福建農科院稲麦所(福州)
湖南 YD6	YD6-001-0100	100	湖南農科院水稲所(長沙)
国外 WYD	WYD-001-0208	208	中国水稲所(杭州)
			中国農科院品質所(北京)
			広西農科院品質所(南寧)

質分析などが1986〜1990年に行なわれた。その結果は1991年にカタログ化され，中国農業出版社から『中国稲種資源目録―野生稲種』が出版された。この本に収録された野生イネ遺伝資源は合計4655系統である。このうち中国原産の *O. rufipogon* は3733系統，*O. officinalis* 670系統，*O. meyeriana* 44系統，そのほか，外国から導入した *Oryza* 属の22種と雑草イネが合計208系統も含まれている。これらの系統について学名，採集地，草型(匍匐型，直立型など)，出穂開始日，茎基部の色，葉舌の形状，芒(のげ)の有無と種子色，柱頭色，葯長，地下茎の有無，内外頴色，種皮色，外観品質，百粒重，種子の長幅比，生育期間と抵抗性などの20あまりの項目について詳しく記載されている。産地別の系統数などは表1に示した。

中国野生イネの保存の現状

遺伝資源の保存の方法には，自生地内保存(in-situ comservation)と自生地外あるいは施設内保存(ex-situ comservation)の2方法がある。中国では野生イネの自生地内保存はほとんど行なわれていない。自生地内保存としては，現在北限の東郷野生イネの自生地で2カ所，それぞれ350 m²の面積を石垣で囲んで保護しているのが唯一の例である。施設内保存には株の保存と種子での保存がある。株の保存では広東農科院水稲所(広州)と広西農科院品質所(南寧)に国家野生イネ保存圃があり，深さ0.6 m，面積0.45 m×0.45 mのコンクリートの囲いを多数設置し，各区画に野生イネ系統の栄養茎を

写真4 広西自治区農業科学院(南寧)にある野生イネ保存圃

植えて保存している。自然交雑を防止するため，つねに出穂させないように管理している(写真4)。このふたつの野生イネ保存圃では合わせて5000あまりの系統が保存されている。種子保存のためには，1990年までに北京の中国農業科学院作物品種資源研究所内の国家作物遺伝資源バンクに，1系統250gずつ，計3474系統の野生イネ種子が集められ保存されている。保存の条件は-10〜$-18°C$，相対湿度RH30〜50%である。

3. 中国野生イネに関する基礎研究

分類の研究

中国では数多くの「普通野生稲」系統が存在し，それらは多様な種内変異を示す。またひんぱんに起こっている栽培イネとの遺伝子交流の結果は野生イネの分類をさらに複雑化した。これらをどのように分類すればいいのかが野生イネを研究する中国の研究者を悩ませてきた。Wu(1990)は形質とアイソザイムの変異に基づいて広西自治区の野生イネを，典型的な野生イネ，半

野生イネ，栽培イネに近い野生イネに分けた。Li(1996)は広西，江西，湖南省の野生イネを材料とし，植物の生育型(草型)および生活史特性などに基づき，11タイプに分けた。そして多年生で草型は匍匐型か傾斜型のタイプは葯が長く，二次枝梗がなく，種子が細長いなどの特徴をもち，特定のエステラーゼ遺伝子型をもち，原生地に集団をもつなどの特徴を指摘し，このタイプが純粋な典型的野生イネだと結論した。また，多年生傾斜型のタイプが中国の栽培イネの祖先型だと推論した。Pang et al.(1995)も10形質のクラスター分析の結果に基づき，中国野生イネを2群7タイプに分けた。そしてそのなかの1タイプを中国栽培イネの原始的祖先種とし，その特徴について次のように述べた。

(1) 茎は匍匐して成長し，葉鞘が紫色で，止葉が細くて短く，葯が長く(>5 mm)，柱頭が紫色で開花後も外にでる，芒が赤くて長い，脱粒性が強く，種子が細長い(長幅比>3.5)，籾殻は黒色(褐色)，玄米は赤い。

(2) 自生地が栽培イネと遠く離れ，集団規模が比較的大きいが集団内では形態などの変異が少ない。

(3) 自生地の条件としては一年中水分条件が安定している。また植物が栄養茎あるいは地下部で越冬し，無性繁殖を主とする。種子もできるが生産量はきわめて少ない。

中国の研究者は野生イネを分類するときに，植物の草型という形質をよく使っているが，この形質は中国の野生イネにとってはきわめて重要な形質のひとつと考えられ，栽培イネの遺伝子がはいっているかどうかの判断の指標にもなっている。ここで植物の草型つまり匍匐型か傾斜型かあるいは直立型かという形質についてもう少し詳しくみるために，中国野生イネ3733系統について調べた結果を表2に示した。どの地域でも匍匐型が優占していることがわかる。

アイソザイムや分子マーカーによる系統分化の研究

アイソザイムの初期の研究では中国の研究者はおもにエステラーゼを用いてきた。エステラーゼは野生イネおよび栽培イネでの多型が多く，また分析にコストがあまりかからないことが理由であった。Wu(1990)が広西自治区

表2 中国各省で収集された野生イネ系統の草型分布（Pang and Ying, 1993より）

草型*	広東*²	広西	雲南	江西	福建	湖南	合計	%
匍匐型	1000	865		63	4	31	1963	52.58
傾斜型	578	570		58		39	1245	33.34
半直立型	216	128	14	21		19	398	10.66
直立型	57	29		31		11	128	3.43
合　計	1851	1592	14	173	4	100	3734	100

* 地面との角度；匍匐型：<30°，傾斜型：30〜60°，半直立型：60〜75°，直立型：>75°
*² 海南省を含む

の「普通野生稲」系統および在来品種のインディカ型，ジャポニカ型の多数系統の成熟種子胚を使ってエステラーゼを分析し，10本のバンドを観察した。そのうち，1A，4A，7Aはすべての品種，系統に存在した。野生イネでは29種類の異なるザイモグラム*が見つかったが，1A-2A-4A-7A型のザイモグラムは野生イネの基本型で，典型的な野生イネで86.7%，半野生型では38.7%，栽培イネに近い型では12.5%と順に減っていることがわかった。

　エステラーゼの遺伝子座のひとつ$Est10$の変異はイネの系統分化に大きくかかわっていることがわかった(Cai et al., 1992)。この遺伝子座には今までに6個の対立遺伝子が見つかっていて，そのうちの4つがそれぞれジャポニカ型，インディカ型，アウス（インドで栽培されているインディカ型の一種）および野生イネに特異的に現われる（95%以上）（写真5）。我々は中国各地の野生イネの593系統を使って$Est1$，$Est2$，$Est5$と$Est10$の4つの遺伝子座について分析した結果，形質から見て典型的な野生イネは$Est1^0$，$Est2^0$，$Est5^1$，$Est10^4$をもつ系統が多く，ザイモグラムから見ると多様性は低かった。それに対して，非典型的な野生イネではザイモグラムの多様性がひじょうに高かった。おもしろいことに我々がアジア栽培イネの2000近い在来品種のエステラーゼの分析を行なったところ，ごく少数ながら，野生イネに特異的な$Est10^4$をもっている42品種を見つけた。このような品種は中国以外ではおもにバングラデシュの深水イネ（ラヤダ，直播アマンな

---

* アイソザイムの性質を利用して電気泳動により検出されたバンドパターン。

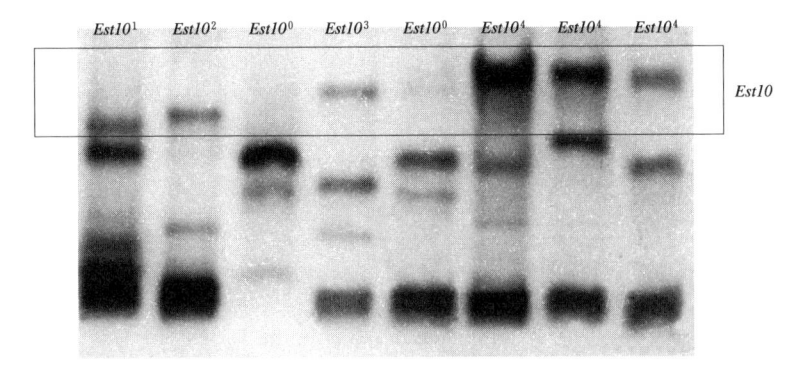

写真5 エステラーゼのアイソザイムの電気泳動像（$Est10$ の4つの遺伝子に対応するバンドを示す）

ど）に存在するが，それらは典型的なインディカ型からジャポニカ型に近い品種までを含む複雑な変異を示した。これに比べ，$Est10^4$ をもつ中国の26品種はおもに広西自治区，浙江省に存在し，1品種がインディカ型で，ほかはすべて典型的なジャポニカ型であった。

　野生型から栽培型への連続変異，$Est10$ の遺伝子型，および草型との相互関係について次のようなことがわかっている。典型的な野生イネは草型では匍匐型と傾斜型がほとんどで $Est10^4$ か $Est10^5$ をもっている。それに対して栽培イネは直立型がほとんどで $Est10^4$ をもっていない。実際に栽培イネの遺伝子がはいった野生イネではこの関係はどのようになっているのだろうか？　合計すると1168系統の広西の非典型的な野生イネ（葯長平均3.83 mm，種子長幅比平均2.98）を使って分析した結果を表3に示した。やはり典型的な野生イネと栽培イネでえた結果と似たような傾向が見られた。

　以上の結果に見られたように $Est10$ 遺伝子座が植物の草型に緊密に関連していることがわかった。

　最近では，アイソザイムだけでなく，各種の分子マーカーの利用が可能になり，中国野生イネについても，核および細胞質ゲノムのDNAレベルでの研究が盛んになった。Sun et al.(2002)は核DNAとミトコンドリアDNAのRFLP（制限酵素断片長多型：restriction fragment length polymorphism）*および葉緑体DNAのORF100の欠失の有無を利用して中国野生イネにつ

表3 広西産野生イネ系統における草型と Est10 遺伝子座の変異との関係(Cai, 1993 より)

草型	純粋な野生型 $Est10^4$ あるいは $Est10^5$	野生-栽培ヘテロ型 $Est10^4/Est10^2$	純粋な栽培型 $Est10^1, Est10^2$ あるいは $Est10^3$	栽培ヘテロ型 $Est10^2/Est10^3$
匍匐型	5	16	4	0
傾斜型	10	21	24	3
半直立型	2	12	14	1
直立型	4	12	34	6

いて分析し、3群10タイプに分けた。

中国野生イネにおける一年生・多年生の分化

一般的にアジアの「普通野生稲」は生活史特性に基づいて一年生型、中間型および多年生型に分けられている(Oka, 1974)。中国の野生イネはだいたい多年生型だといわれている。中国の野生イネのなかに一年生の生態型が存在するかどうかは研究者のあいだで大きな関心がもたれていた。Li(1996)の形質分類の論文では一年生型の3タイプがはいっている。Pang et al.(1996)は、中国野生イネ185系統の越冬性、休眠性および茎再生力を調査し、これらのなかには一年生型が存在するが、ほかの形質から見るとそれらは典型的な野生イネではないこと、実際に一年生自然集団が発見されていないことから、中国の一年生系統は野生イネと栽培イネの自然交雑の産物だと指摘した。

次のような自然集団の詳しい研究からも中国野生イネでは一年生型が分化していないことが確認された。Xiao et al.(1996)は東響野生イネの集団を、2年にわたって4回調査したが、種子からの実生苗が発見できなかった。ほかの形質では集団内変異があったが、一年生-多年生の分化の傾向はみられなかった。

Gao et al.(2000a)は中国の31カ所の自然集団(うち7集団が栽培イネと遠く離れている)について生活史特性などに基づいて地理的な変異を研究し、次のような結論を得た。(1)一年生の集団が見られなかった。(2)緯度が高くな

---

*[149頁の注] 特定の塩基配列部位でDNAを切断する酵素を用いて切断し、電気泳動によりDNA断片を長さに従って分離する方法。

るほど野生イネの繁殖方式が栄養繁殖から有性繁殖に移行する傾向がある。(3)出穂期も北ほど早くなる。(4)植物の草型は栽培イネとの遺伝子交流の程度や生育地の水分条件と関係する。

中国野生イネにおけるインディカ型・ジャポニカ型の分化

栽培イネの品種ではジャポニカ型とインディカ型の亜種の分化がはっきりしている。その野生祖先種のなかに同じような分化が存在するかどうかはイネの進化研究者にとって長いあいだの疑問であった。中国の野生イネ系統が利用できなかった過去の研究では，アジアの *O. rufipogon* にはインディカ型，ジャポニカ型の分化は生じていないという結果がだされていた(Oka, 1974など)。しかしその後の研究で，中国野生イネのなかにはジャポニカ型的なアイソザイムをもつ系統もあると指摘され(Second, 1985)，ジャポニカ型の起源に関連してイネ研究者の関心を引き起こした。

中国の野生イネ132系統と国外の野生イネ27系統について，ジャポニカ型とインディカ型の判別に有用な5アイソザイム遺伝子座(*Est2*, *Est10*, *Cat1*, *Acp2* と *Amp2*)の変異を分析した(Cai et al., 1993)。まず *Est10* 座の変異から92系統を典型的な野生イネと判断した。ほかの4つの遺伝子座を考慮すると，これらはさらに17のタイプに分けられ，インディカ型からジャポニカ型までの連続的変異を示していることがわかった。遺伝子座間の対立遺伝子の組合せの強さの指標である R^2 をこれらの系統で求めると0.0082で，インディカ型 - ジャポニカ型の分化が不完全と考えられているヒマラヤ山岳地帯の栽培イネで求められた値と比べてもかなり小さい。つまり野生イネは一部の遺伝子座でジャポニカ型 - インディカ型の分化の傾向がみられたものの，全体的にはその分化程度はかなり弱いものであると結論できた。

中国国内の地理的変異をみると高緯度の江西省と湖南省の野生イネはジャポニカ型的な遺伝子を高頻度でもつことがわかった。インディカ型とジャポニカ型を区別できるとされている葉緑体DNAのORF100欠失の有無についての分析結果も，江西省と湖南省および広西自治区の桂林の野生イネがジャポニカ型特有のタイプをもつことを示した。しかし，栽培イネのすぐそ

ばにある広西自治区の扶綏(フスイ)野生イネ集団にはジャポニカ型とインディカ型の両タイプが見出された(Huang et al., 1996b; Sun, 2001)。

中国野生イネと外国野生イネの比較

アジア・オセアニアに広く分布する *O. rufipogon* のなかで中国の野生イネはどんな位置を占めるのだろうか。

才・森島(1997)がアジア全域から採集された100以上の多数の系統について16アイソザイム遺伝子座を調査・分析したところ、中国の野生イネ系統はジャポニカ型特異的な遺伝子を多くもっていて、ほかの地域の系統とは異なる傾向があった(図2)。同じ材料の形質調査の結果も踏まえて、アジアの野生イネを以下の3つのグループに分けた。

(1)中国系統：弱い多年生でジャポニカ型特異的な遺伝子をもっている。

(2)インド西海岸の系統：ごく少数の多年生系統も含まれているが、大部分は一年生で、他地域とは遺伝的に分化している。

(3)そのほかの地域の系統：典型的な一年生型から典型的な多年生型までの系統が含まれている。ベトナム・ラオスの系統はやや特殊化している。

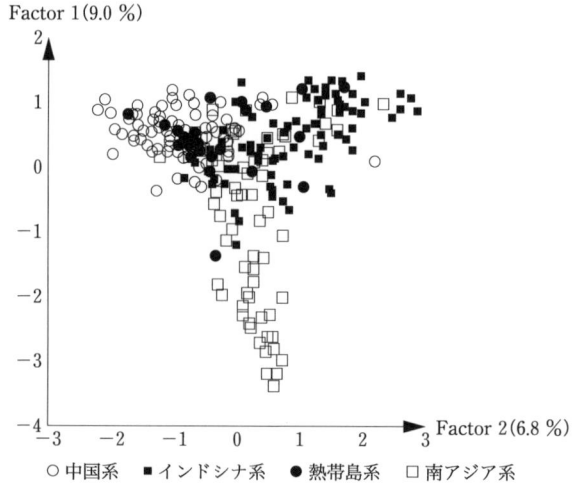

図2 アイソザイム16遺伝子座の変異に基づく多変量解析の第1・第2スコアの分布から作図したアジア野生イネ系統

Sun et al.(2001)はアジア各地の野生および栽培イネ約200系統を材料とし，48のRFLPプローブを使って分類を試みた。その結果，供試材料は4つの群に分けられた。第一群はインディカ型栽培イネとインディカ型に近い野生イネ，第二群はジャポニカ型とジャポニカ型に近い野生イネ，この群のなかに中国の野生イネの一部がはいっている。第三群は中国野生イネ群(東響，茶陵および元江)。第四群はインドなどの南アジア，東南アジアの野生イネであった。

集団の遺伝的構造に関する研究
　過去に行なわれた野生イネ自然集団の遺伝的構造の研究は，タイなどの集団について行なわれたものであった(Oka, 1974)。そこで中国の3集団(東響，元江と六里長塘)をタイの2集団，インドネシアの1集団およびインドの1集団と共に各種形質，アイソザイム，核DNAのRFLPのデータに基づき集団内および集団間変異を分析した(Cai et al., 1996)。その結果，栽培イネから隔離された東響および元江集団は集団内変異が小さく，それに対して水田に隣接し撹乱が激しい六里長塘の集団内の変異はかなり大きいことがわかった。
　そのほかの研究者によってもアイソザイム，RAPD(random amplified polymorphic DNA)* および核DNAのRFLPなどを利用して同じような結果が報告されている(Huang et al., 1996a; Wang et al., 1996; Ge et al., 1999; Gao et al., 2000b)。

4．中国野生イネを利用した実用的研究

　野生イネは直接には生産に利用できないが，野生イネのなかには栽培イネで見つけられない遺伝子が存在しているので貴重な遺伝資源である。国際稲研究所(IRRI)ではインド産の一年生野生イネからウイルス病抵抗性の系統

---

* 10塩基ほどのDNAをプライマーとして用いてDNAを増幅し，増幅したDNAのサイズの違いによってDNA多型を検出する方法。

を見つけ，その抵抗性を栽培イネに導入しIR26を育成した。このように野生イネについては研究者たちが基礎的な研究以外に実用的な研究にも取り込んでいる。

品種育成での利用

前にも述べたように中山1号は野生イネから育成された品種で，その後，この中山1号からさらに19品種が育成されて奨励品種となった。そのうち包選2号と包胎矮はそれぞれ26万haおよび33万haに普及したという。70年代以後も上海，広東，広西で野生イネの材料を利用して，崖農早，桂野占，竹野と西郷糯など病虫害抵抗性が高く，品質のよい品種が育成された。

雄性不稔系統の育成

ハイブリッドライスの基礎となった野敗型不稔系統は海南島の野生イネの自然不稔株から育成したものである。その後，ほかの「普通野生稲」を母親とし，インディカ型品種蓮塘早を父親とし，反復戻し交雑をへて，野敗型不稔系統とは回復/維持関係が逆の紅蓮型不稔系統も育成された。

病虫害に対する抵抗性

広東省と広西自治区はおもに白葉枯病，イモチ病，ススモン病抵抗性について調査を行なっている。白葉枯病抵抗性について3500系統の野生イネを調べた結果，約3％の系統が高い抵抗性を示した。イモチ病については1800系統中の約6％が抵抗性であった。またイモチ病と白葉枯病に同時に強い系統もあった(Pang and Ying, 1993)。野生イネのトビイロウンカ抵抗性，白葉枯病抵抗性などの遺伝子の栽培イネへの導入，その遺伝子座のマッピングに関しても最近報告があった(Liu et al., 2001; Wang et al., 2001; Huang et al., 2001; Zhang et al; 2000)。

ストレス耐性

広東省農業科学院の研究によると千数百系統の野生イネのなかから23の耐寒性系統，60の耐湿性系統，232の耐乾性系統が見つかった。また人工気

象室での野生イネ耐寒性試験から，発芽後の2〜3葉期では5℃10日，株から再生した幼苗では2〜3℃10日，出穂期では15℃で6〜9日処理しても生長と結実に影響がないことがわかった(Pang and Ying, 1993)。

収量を高める遺伝子座を野生イネから発見

Xiao et al.(1998)が野生イネから収量を高める遺伝子を見つけたと報告したことは育種家のあいだではかなり大きな反響を呼んだ。Li et al.(2002)が連続戻し交雑の方法と分子マーカーを利用し，東響野生イネから収量を高める量的形質の遺伝子座(QTL)を第2と第11染色体上に見つけた。そのうち，第2染色体のQTLは16%の寄与率をもっていた。野生イネ由来の遺伝子は穂数を増やすことで増収に貢献していると推測した。

5. 中国野生イネの将来

改革解放以来，中国では全土で建設と開発が進んでいる。野生イネの自生地も急速に破壊されている。前に述べた馬柳塘のようにかつては大面積の集団があった野生イネ自生地も，1995年に我々が訪れたときはすでに野生イネはほとんど見つからない状態であった。現地の人に聞くと，すぐ近くに化学肥料の工場が建設されてその廃水が野生イネの自生する池に流され，そのために野生イネが壊滅したという。また大きな湖に自生していた茶陵の野生イネも湖の開墾で消えたという。今は絶滅前に採集保存されていた系統を用いて，茶陵野生イネ集団の復元の試みが行なわれているようである。野生イネの直面しているもうひとつの危機は，栽培イネからの遺伝子侵食である。栽培イネが野生イネのすぐそばに栽培され，自然交雑によって野生イネが栽培イネの遺伝子を受けいれ，栽培イネに近い野生イネになってしまう，つまり純粋の野生イネがどんどん減っていく訳である。

文献的な資料や種々の状況証拠によると，古い時代には中国では現在よりもずっと北方まで野生イネが広く分布していたと考えられる。それが現在の分布域にまで縮小された原因は主として気候的な変化と考えられるが，最近の環境開発によって，さらに中国の野生イネは危機に追い込まれているとい

えよう。
　以上のような現実から考えると，野生イネという人類共通の貴重な財産を守ることは現代の我々の責任であろう。一番望ましいのは自生地の保存であるが，中国では数多くの野生イネを全部保存することはまず不可能である。ごく少数の重要な自生地について保存するとともに，なるべく大量の種子あるいは株を収集保存することも大事だと思う。また研究者だけでなく普通の農民にも野生イネの重要さを知ってもらうことが野生イネの保存，とくに自生地内保存のためには必要なことであろう。

第9章 野生イネ O. rufipogon 集団の姿

東京農業大学・島本義也

　私たちが主食としているコメを生産するイネの祖先種である野生イネは，どんなところで，どんな生育をしているのであろうか。野生イネのなかで，私たちアジアの民が主食としているコメを生産する栽培イネ Oryza sativa にもっとも近縁で，その祖先型種であったろうと考えられているのが O. rufipogon である(Oka, 1988)。とくに断らない限り，以下，野生イネは O. rufipogon のことを指し，O. nivara を含めている。この野生イネの種は，その生活史，形態，遺伝構造などにおいて多様な植物であり，水の豊富な熱帯アジアの各地の多様な環境に適応して，人や動物による弱い撹乱のある生態系のなかで広く旺盛に生育している。

　熱帯アジアの田圃の周辺には，野生イネが自生しており，イネの栽培適地と野生イネの生育適地の環境条件はほぼ一致している。野生イネの生育に適した水の豊富な場所はイネの栽培に適したフィールドでもある。もともと野生イネの生育地であったところを田圃にし，栽培イネが育てられるようになった。すなわち，熱帯アジアの水の豊富な野生イネの生育地に栽培イネが侵入してきたのであろう。この野生イネの種を同定するのに基本となる標本が収集された基準地域であるバングラデシュのハビガンジ(Vaughan, 1994)周辺では，灌漑に都合のよい土地はことごとく田圃にしてしまい，地形的に水を制御できない不都合な土地には野生イネが随伴植物とともに生活している。野生イネは，水のあるところ，すなわち，湿地帯，水路，池の淵，田圃の淵，と多様なところで生活している。あるときはイネの栽培地である田圃

のなかで生活しており，雑草として稲作農民には厄介者でもあることもしばしば見受けられる。

野生イネの集団は，この20年のあいだに，その分布域が減少してきている。とくに開発が進むタイでは，野生イネの生育圏が狭められており，消えていく集団が多い。野生イネの調査に訪れた多くの観察サイトのなかから，特徴のある野生イネ集団が生育している姿を追ってみたい。

1. 消えゆく野生イネの生育地

タイの中央平原では，山岳・丘陵地帯を除き，雨期になると水浸しになる平野地帯にはどこにでも野生イネの分布が見られる。熱帯アジアのなかでもタイは，野生イネの分布の密度が高く，多様な野生イネが観察され，首都バンコックにはわが国からのアクセスが容易であり，空港周辺から野生イネの分布が見られた，現地の研究協力者が得られる，等々の種々の理由から，野生イネの綿密な観察を20年ほど続けてきた。この計画を始めるにあたって，サイトを決めて継続的に観察を続けるにはバンコックからの交通が便利な所と考えて，ドンムアン国際空港から北に100 km以内の範囲に位置する観測サイトを選択した(図1, Morishima et al., 1984)。

これらの野生イネ集団は，そこに生育する野生イネの性質，その環境に各々特徴をもっている。1983年以来，私たち野生イネ研究チームの誰かがバンコックに立ち寄ったときに，時間を割いて訪れ，野生イネの動態を追跡してきた。その記録からみると，毎年2〜3回の頻度でタイの野生イネの動態をモニターしてきたことになる(Sato, 2001)。

なお，図1中のCP 20のタイ中央平原の深水イネ栽培地帯の観察サイトについては次章(第10章)で取り上げられているので，本章では割愛した。

多年生野生イネの動態(図1 A)

バンコックから東北地方に向う主要道路を行きドンムアン国際空港を過ぎ，アユタヤに向かう道路との分岐点から別れ，北東に50 kmほど進んだところの東側にある幅2 mほどの水路に生育している野生イネのサイトである。

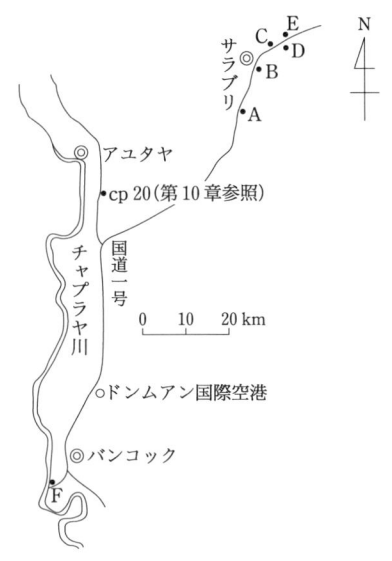

図1 バンコック周辺の野生イネの継続観察サイト(A〜F)の地図

水路は，深さが1mくらいで，豊富な水量ではないが，乾燥していることはない。乾期でもところどころで水が流れているが，滞留しているところもあり，滞留水が腐って悪臭が漂っているところもある。延々と続く水路の1 km以上にわたって生育している典型的な多年生の野生イネ集団である。草丈が高く，それほど堅固でないピンク色の芒をなびかせている。その水路のおおよそ500 mの部分に生育している野生イネをモニターしてきた。数メートル毎に株を採集してアイソザイム遺伝子座を調べると，明らかに栄養繁殖した株と思われる同じ遺伝子型のパッチが見受けられた。一方で，異なるアイソザイム遺伝子型をもつ株が混じっているパッチもあった。これらの株は種子から新しい個体が定着したものと思われる。

　訪れるたびにサイト周辺では，道路工事，配管工事，基盤整備が次々と場所を移動させながら行なわれていた。1991年12月に訪れたときには，道路工事が大大的に進行していた。野生イネのモニターのために設定されたコドラードは道路工事の現場となっており，水路は深く掘削され，大きな土管が埋設され，土が盛られたりして，野生イネは完全に消え失せてしまった。今では多年生野生イネのかつての生活場所は立派なハイウェイの下に埋れてしまった。

演習場の野生イネ(図1B)

　上記のサイトから道なりにさらに10 kmほど行ったタイ東北地方の入り口にあるサラブリの街にはいる交差点の手前に設定したサイトである。道路の脇にそって走る数m幅の水路に延々と野生イネが生育している。水路の向こう側には田圃が広がっており，水田のなかに野生イネが混じっている。道路東側の水路の奥の田圃が突然なくなり，演習場が現われるが，水路は続いてる。この水路には，一年生と多年生の野生イネが，水分環境の変化に応じてすみわけていた。水路の中心部では乾期になっても十分に水分があるので，スゲ属やカヤツリグサ属などの多年生植物が優占し，多年生の野生イネが共存していた。一方，乾期には乾燥する水路の淵では，多年生の草本が優占するなかに，一年生野生イネが生育していた(写真1A)。

　ところがその後，訪れた仲間から水路奥の演習場に隣接してあった田圃が潰されたとの報告があった。さっそく訪れてみると，田圃であったところに野生イネが一面生育していた。そこで演習をやっているのであろう，戦車が縦横無尽に走り回っている。演習が行なわれていないときに，おそるおそる演習場のなかにはいって観察すると，生育している野生イネは，明らかに一年生の特徴をもっていた。この地帯は，雨期には水浸しになるタイ中央平原の北端にあたるが，一方で，乾期には極端な乾燥がくる東北タイの南端にもあたる移行帯である。乾期でも水の豊富な場所には多年生野生イネが，乾期に乾燥するところには一年生野生イネが適応しているが，この移行地帯のサイト周辺には多年生と一年生が共存していたに違いない。重戦車の走行により，強く撹乱された田圃跡には一年生野生イネが急速に増え，イネ栽培がなされているかのごとく蔓延していて，野生イネのみの生育する草原の様相を呈していた(写真1B)。一年生野生イネは，撹乱に対して適応した戦略をもっている。

　しかしそれも束の間，年々，演習が激しくなったのか，植生が破壊されてしまった。一年生の野生イネにとっても過度の撹乱であり，演習場のなかの野生イネの草原はほとんど消えてしまった。踏圧や乾燥などの強度の撹乱には，多年生の野生イネは到底生き残ることはできないが，一年生の野生イネは種子を多く散布しているので，シードバンクとして残っているものと思わ

第 9 章 野生イネ *O. rufipogon* 集団の姿　161

写真 1　タイ・サラブリの演習場の野生イネの観察サイト
　(A)演習場の野生イネの集団。手前の水路には多年生の野生イネが生育している。
　(B)演習場内の一年生野生イネの集団

れる。演習場にそっている水路もときおり清掃されるのか，以前にはよく見かけたカヤツリグサ属などの大型の多年生の植物が消えてしまうとともに，野生イネも消えてしまったようである。演習場のフェンスにそって一年生の野生イネがまばらに残っている。

一年生から中間型へ（図1C）

演習場の野生イネの観察サイトから北東へ，サラブリの街を過ぎ，約10 kmほどいくと道路の両側にインディカ型のイネが栽培されている田圃が広がる。田圃と道路のあいだの幅2mほどの水路に分布する野生イネが次の観察対象である。ここの水路は，雨期には水分があるが，乾期にはまったく水分がなくなるという，タイ東北地方の特徴ある環境を呈している。私たちが観察を開始する10年ほど前(1973年)に，このサイトには一年生の野生イネが一面に生育していたとの記録があった(Morishima et al., 1980)。1983年の調査を開始したときの記録では，以前の調査と比較して，野生イネの株数が大幅に減少していたが，確かに一年生野生イネが生育していた。その後，訪れるたびに水路の環境が変化しており，水路からは一年生の野生イネが消え，中間型の野生イネが観察されるようになった。以前は田圃のなかに野生イネが観察されなかったが，栽培イネとの雑種と思しき野生イネが水田の淵に生育しているのが観察された。1993年3月の観察では，道路の拡張工事と周辺整備により，この水路の観察サイトは消滅してしまった。

野生イネの自然草原（図1D）

バンコック市街から北東へ100 kmあまり，道路の南側に広がる草原様の観察サイトで，さらに奥には田圃が広がっている。道路の脇の植生地(もともとは田圃であったのであろうが，道路用地として確保され，放置されているあいだに野生イネが優占したのであろう)で，乾期には乾燥しているが，雨期には湛水している。野生イネが優占しており，被度は70〜80%にも達していた(写真2A)。この観察サイトの野生イネは，一年生の特徴を示す個体が大半を占めていたが，頻繁に牛の採食を受けているらしく，草丈が低い。出穂している個体がまばらにあり，サンプルした穂の萼長は短いが，芒長も

第9章 野生イネ *O. rufipogon* 集団の姿　163

写真2 タイ・サラブリ郊外の道路端に野生イネが優占する草原
　(A)野生イネが優占する草原
　(B)野生イネの動態を調査するためにつけられたプラスチックの輪

短く典型的な一年生とはいいがたい個体も多く観察された。この多年生の性質をもっている野生イネは，一年生野生イネ集団への栽培イネ(ある程度の多年生の特徴をもっている)からの浸透交雑の産物であろう。

　この観察サイトで，野生イネの株の寿命を追跡しようと，数十株の野生イネの根元に色つきのプラスチックの輪をつけた(写真2B)。数日後に，ほかのサイトの調査を終え，帰国の前に再度このサイトに立ち寄ってみると，つけておいた輪は，すでに消えてしまったものもあったが，何とか残っていた。半年後に調査にいったときは，残念なことに標識の輪がついている個体はひとつも見つけることができなかった。プラスチックの輪をつけた野生イネがすべて枯れてしまった訳ではなさそうだ。プラスチックの輪は周辺にはまったく残っていなかった。たぶん，牛が食べた野生イネとともに胃のなかにはいってしまって，何処か遠くのところに糞とともにでているのであろう。牛にはたいへん申し訳ないことをしてしまったと思っている。したがって，このサイトの野生イネの寿命を確かめることはできなかった。このサイトも道路が拡張され，消え失せてしまった。

一年生野生イネの集団(図1E)

　上記の野生イネの草原よりさらに東へ1km，道路北側に位置する，民家とバナナ園に囲まれた10アールほどの道路端の荒廃地である(写真3)。一年生の野生イネがほぼ完全に優占している観察サイトである。最も水のある乾期の始まるころには，水深が70〜80cm程度であり，草丈は1m程度であった。乾期の終わりには乾燥しているが，窪みには水が残っている。雨期にはいる前に火がいれられ，野生イネの草藁が焼き払われているものと思われ，焼け焦げた多年生野生イネが数株残っていた。雨期にはいって間もない6月に訪れると，散布された一年生野生イネの種子が雨の到来と共にいっせいに発芽したのであろう，数百本/m^{2}以上の頻度で実生が数えられ，苗代の様相を呈していた。

　一年生野生イネのこの生育地は，雨期には湿地帯となり，水深が1m近くにもなるが，乾期には強い乾燥に見舞われ，地面にはひび割れができるなど，野生イネは到底栄養生長を継続できる環境条件ではない。一年生野生イ

写真3 タイ・サラブリ郊外の道路端の荒廃地に生育する一年生野生イネ(白っぽく見える部分)

ネの適応戦略は，乾期にはいると，種子を結実させ，水がなくなるころには，籾を脱粒・散布させ，種子は休眠にはいる。そして，次世代を育むべく雨期の水分を待っている。このような一年生野生イネの集団はタイの東北地方に頻繁に観察される。

　典型的な一年生野生イネの籾は，堅固な長い芒をつけている。芒は長いのでは 10 cm 以上にも及ぶ。芒には鏃様の鋸歯構造が何層にも形成されている(高橋，1982)。乾期に脱粒した堅固な芒をつけた籾は，地面の割れ目に落ちていくと，芒の鏃状構造の助けを受けて，籾を頭にし，どんどん奥にはいってゆき，耕起されるか，洪水で表土が流されることがないかぎり，決して地表面にあがってくることはない。安定したシードバンクとなるのである(写真4)。芒は散布のための修飾器官であり，また，鏃状構造は動物の体にくっつき，散布するのに都合がよくできている。芒は，肌に触るとたいへん痛いし，イネの栽培管理上，煩わしいので，近年の優良品種では，退化して

写真 4 長い芒をつけた一年生野生イネの籾が一面に広がっている。乾燥してできた土壌の割れ目に籾を頭にして土中にはいっていく。

しまっているか，残っていても痕跡程度に短く，しかも軟弱なものとなって，散布器官としての機能はまったくもっていない。

　比較的浅い層に留まった籾や，あるいは，耕起などの撹乱によって地上面にでてきた籾は，熱帯の乾期の灼熱の高温に曝される。野生イネの種子は強い休眠性をもっているが，45～50℃で乾熱処理すると休眠を打破することができる。散布後の乾期の熱帯の地表面は，野生イネの休眠を覚ますのに十分な温度になるであろう。雨期にはいり，雨がくると，一年生野生イネの種子は，いっせいに発芽し，まさしく緑の絨毯（苗代）が現われる。個体密度は，1万個体/m^{2}にも達するパッチもあった。

　この観察サイトも道路の傍に設定したために，近くに立体交差道路工事が始まり，その工事現場になり，開発の犠牲になって消えてしまった（Morishima et al., 1991）。道路からもっと離れた奥の方には田圃が広がっているので，このような一年生の野生イネの集団がまだ多く残されているもとの思われる。

2. 野生イネの実験圃

　タイの急速な経済発展を予測できず，こんなに早く道路の拡幅改良工事が進行してしまって，継続的調査を意図して設定した野生イネ観察サイトがことごとく破壊されてしまい，野生イネの動態を追うことができなくなってしまった。そんな折りに，プランチンブリ(バンコック市街から西へ約 40 km の郊外)にあるイネ研究センターから，雑草化した野生イネが蔓延して，イネが栽培されていない田圃があり，それを提供してもよいとの恰好の提案があった。およそ 2 ha の田圃を借りて，そのなかに定点観測用のコドラートを設定することにした(Sato et al., 1994)。この田圃は，過去数年間はイネが栽培されずに放棄されていて，野生イネが生育していた。実験圃として使われている田圃や隣接した民有の田圃には，それほど野生イネが見られなかった。乾期に火がいれられ堆積した草藁は焼き払われていた。タイのどこの農村風景でもあることだが，道路端や田圃の広い畦道に草が生い茂っている空間には，牛が放牧されたり，水牛が繋がれている。借用した田圃は，民有の田圃と隣接しているので，農民が飼っている牛が自由にはいってきて，野生イネを食んでいた。1 ha を自由に牛がはいってくる自然区とし，一方の 1 ha を牛が進入してこないように，2 m の高さのコンクリートの杭を立て，それに有刺鉄線を張り巡らせて囲い区とした(写真 5)。

　この研究センターは，乾期にはいるころに雨期に集積された水が流れ込んできて洪水状態になるタイ中央平原の深水地帯に位置している。両区にそれぞれ数カ所設定したコドラートは，60〜70%が野生イネで覆われ，所々にギャップが観察され，多年生の随伴種が観察された。この研究センターの周辺に張り巡らせている水路には，野生イネが生育していた。

　乾期の初めにこの実験圃を訪れると 2 m 近い水深があり，じかに踏み込むことができないので，畦からボートに乗り，実験圃にはいって行った。この観察サイトは，一面野生イネで覆われており，葉先を水面から 1 m 以上だしている。随伴種もほとんど見られなかった。野生イネは驚異的に繁茂していた。密生した野生イネで，ボートを容易に進めることができず，まった

写真5 タイ・プラチンブリのイネ研究センターの試験用田圃に設けられた野生イネの実験圃。杭は2mの高さがあり、繁茂期にはこの杭は野生イネに覆われてしまう。

く身動きが取れない状態であった。やっとのことでコドラートに辿りついた。野生イネの寿命を追跡するべく株に標識札をつけてあったのだが、あまりにも高密度に旺盛に生育している野生イネで、標識札を確認することができなかった。

　この野生イネのバイオマスの量はどのくらいになるのだろうか。乾期の終わりに堆積する野生イネの草藁は数百トン/ha はあるのではなかろうか。まったく施肥していない田圃に、氾濫水が運んでくる栄養分は莫大なものであり、また、それを吸収する野生イネの生育力にも驚嘆させられる。水面にでている茎を慎重に引き抜いてみるが、茎が途中で折れて千切れてしまって、根までは抜けてこないので、正確な茎長はどのくらいあるのかわからない。引き抜いた茎の部分だけでも2m近くあり、全体の草丈は2mを優に超えるであろう。多年生の野生イネの特徴であるが、茎の節から幼芽が萌芽し、数枚の葉をつけ、穂をつけている分枝もあった。茎から数本の分枝を確認できたが、株を識別することができないので、1株の分蘖が何本あるのかもわからない。約10％の分枝が穂をつけており、種子をつけているものもあっ

た．脱粒せずに着粒している種子もあることは，栽培イネからの非脱粒性の遺伝子流動が推測される．

　強い浮きイネの性質をもった野生イネのこの膨大なバイオマスの利用はできないものかと考えさせられる．

3. バンコックの街中の野生イネ(図1F)

　バンコックの市街を流れるチャオプラヤ川の西側は水路が網目状に張り巡らされていて，エンジンつきや手漕ぎの船は，頻繁に行き来し，渋滞もなく，周辺の便利な交通手段となっている．増水期には住民の通る小道も水に浸かり，全体が湛水する地域である．その地域の北側に広がるバンコック・ノイ（ノンタブリ）地域に，チャオプラヤ川から延びる大きな水路の西側に広がる浸水域に分布する野生イネの集団がある．寺や民家が並び，バナナ園，熱帯果樹園が広がるこの地域では，その傍の池や水溜りのある空き地が野生イネの生息地になっている．雨期になるとチャオプラヤ川の水が溢れでて，バンコックの市街地は洪水になる．しかし民家は，その深さを計算した高床式になっているので，問題はない．

　1983年12月に最初にこの地域に調査にはいったときは，浸水期に遭い，そろそろ水が引き始めてはいたが，道路はあちこちで寸断されて，思うように行動することができなかった．乾期に訪れると，周辺には生活水が流れてきて悪臭を放っているが，雨期には洪水が流してくれるのであろう．水に覆われた住民の通路を慎重に足を運ぶのであるが，ときおり足を滑らして転び，水浸しになることしきりであった．しかし，タイの治水事業が急速に進み，最近はよほどのことがないかぎり，バンコック市街は洪水にならないようである．それだけ，野生イネが生育する場が少なくなったようだ．この観察サイトには，*O. rufipogon* のほかにイネ属の *O. officinalis*，*O. redleyi*，そして未同定種が同所的に分布している．

　未同定種の野生イネは，草丈が高く2mほどあり，30 cm余りもある大きな穂をつけ，幅広の大きな葉をつけて，中南米に広く分布する四倍体の大型の3種の野生イネ(*O. alta*，*O. grandiglumis*，*O. latifolia*)のように見受

写真6 タイ・バンコックノイで観察された〝お化けイネ〟

けられる〝お化けイネ〟である(写真6)。よく観察してみると，この野生イネは，*O. rufipogon* とよく似ており，出穂はしているが花が奇形になっていることが多く，花粉の発育が悪く，結実種子はまったく得られていない。お化けイネの株を研究室に持ち帰って再生させ，*O. rufipogon* の花粉を授粉させても種子は得られていない。収集した株の根端で観察した染色体数は36本のものが多かった。同所的に *O. rufipogon* と *O. officinalis* が生育しているので，両者の雑種ではないかと見当つけて，解析を進めているが，はっきりしたことはわからない(森島，2001)。イネ属の新しい種の誕生である。

　この地域とバンコックの中心街とを結ぶ大きな橋がこの水路に架けられ，周辺の環境は一変してしまった。野生イネの生息地はひじょうに狭められたが，乾期でも水があるこの地域では，寺や高床式の民家の脇の水溜り，果樹園の淵，水路などに，このお化け野生イネをはじめとして，*O. rufipogon*，*O. officinalis*，*O. redleyi* が元気に逞しく生き残っている。しかし，年々開発が進み，洪水もなくなり，いつまでこれらの野生イネが生き続けられるのであろうかと心配している。

4. カリマンタン島の野生イネ

熱帯アジアには，野生イネが一面に生育する大群落がいくつもある。タイの中央平原もかつて野生イネに覆われていたのであろうが，大集団はもう見られない。カリマンタン(ボルネオ)島の湿地帯，水路，池なども野生イネの一大生育地である。訪れた東カリマンタン州(インドネシア)の都市バンジャルマシン，バリックパパン，サマリンダの市街地の水路や池の水辺のいたるところに多くの野生イネが観察された(写真7)。東カリマンタン州のサマリンダの街からマハカム川を行き来する乗合船に乗り，遡ること丸一日，コタバグン村に辿りついた。この村落を中心に数十kmにもわたる氾濫原が広がっており，野生イネが生育している。

現地は見渡す限りの野生イネの群落である。ここは，雨期の氾濫原であり，乾期になると川あるいは水路だけに水が残るとのことである。氾濫原では，水が引いた後，イネが栽培される。ところどころに，水面が大きく広がって

写真7 東カリマンタン・バンジャルマシンの街の水路で観察された野生イネ

おり，野生イネの群落のなかに植生が途切れ，水路のようになっているところがある。これは水が退いた後の地形によっているのであろうが，それを知る由もない。巨大な氾濫原は，その水深が数メートルにも及ぶ所が多く，湖のようである。野生イネは湖岸にそって密度が高く分布しているが，湖岸から離れたところにも多く観察される。その集団の広がりは，数千 ha はあろうと思われる。高速のボートを駆っても容易に端から端に辿りつかない（写真 8，Morishima et al., 1987）。

野生イネは，茎先を水面からだし，まばらに穂をつけ，穂によっては，未開花のもの，開花しているもの，籾をつけているものがあるが，結実している種子は少ない。いっせいに結実することはなく，だらだらと長期間にわたって開花結実するようである。現地農民の話によると，彼らはボートを繰りだして，船縁に野生イネの穂を叩きつけて籾を船に集め，食糧にしているとのことである。小鳥の大きな群れがいくつも野生イネの集団のなかから飛びだしてきて，自由奔放に，頻繁に飛び交っているのを見ると，ほとんどは小鳥の餌となっているものと思われる。

写真 8 東カリマンタン・コタバグンの野生イネの大群落。集団内に開花している穂（白っぽく見える）がところどころに観察される。

野生イネの草丈は，水面から50〜100 cm程度あるので，水深が平均して4 mあることを計算にいれると，5 mを超えるものと思われる。この野生イネ集団は，ひじょうに強い浮きイネ性の特性を備えており，増水に適応している野生イネである。穂長は概ね20〜30 cmであるが，農家の近くで観察した個体の穂長は，とても大きく，35 cm以上のものもあった。これらの野生イネ株は，栽培イネとの雑種か，あるいはその後代と思われ，栽培イネの遺伝子の浸透が伺える。ただ，栽培イネが開花する時期に野生イネが開花しているか否かは，観察していない。

枝梗数が6〜14本の穂をつけ，芒長は5〜7 cmと変異したが，種子長は7.4±0.3 mmとほとんど変異はなかった。サンプルした葯の最大葯長は4.6〜5.6 mmの範囲であり，多年生の野生イネと思われた。一年生あるいは中間型の範疇と考えられる葯長4 mm以下の野生イネは観察されなかった。この野生イネの集団の動態をその後も追跡したかったが，日本から現地に到達するには3日余りの日数を要する。あまりにも遠くにある地域で，再度訪れる機会がない。とくに乾期にはあの広大な野生イネの群落はどのようになっているのか，たいへん気になる野生イネの集団である。

第10章 野生イネは生き続けられるか

帯広畜産大学・秋本正博

　遺伝資源(genetic resources)とは地球上の生物が保有するDNAレベル，あるいは個体，集団レベルでの多様な遺伝的変異の総称で，語意として多様な遺伝的変異は石油や鉱物などと同じく人類にとって有用なかけがえのない資源であるというニュアンスを含んでいる。しかしながら，1950年代以降の産業の活発化は，途上国を中心とした地域にこの遺伝資源の急速な破壊をもたらした。Hughes et al.(1997)は，さまざまな文献の統計情報をもとに，世界の熱帯雨林では1時間あたり平均1800もの野生植物集団が失われていると推計した。彼女らはこの原因を人間活動による自生地の撹乱や温暖化などによる環境の激変にあるとし，野生植物遺伝資源消失の危機に警鐘を鳴らした。野生植物に限らず多くの栽培植物に関しても，近代的な改良品種の普及によって在来品種が徐々に姿を消していくことで，農耕地における遺伝的な多様性が低下しつつある(Sakamoto, 1996)。

　野生イネの遺伝資源破壊も深刻な事態を迎えている。現在，野生イネの自生国では相次ぐ都市化や農地の拡張により野生イネの生育環境が乱され，野生イネが本来もつ遺伝的な多様性が急速に損なわれている。以下では，タイに存在したある *Oryza rufipogon* 集団で行なったおよそ20年にわたる定点調査の結果を例として，野生イネ遺伝資源破壊の現状を紹介していく。そして野生イネ遺伝資源の保存のための方策ついて考察する。

1. 施設内保存法と自生地内保存法

　遺伝的な多様性を失いつつある植物に対しては，保護を行なうとともに積極的に保存を行なっていく必要がある．ここではまず初めに植物遺伝資源の一般的な保存法について触れておく．

　イタリアに本拠をおく国際植物遺伝資源研究所(IPGRI)はほかの国際機関あるいは各国の研究機関との協力のもと，おもに途上国を対象として植物遺伝資源の管理や利用に対する支援，指導を行なっている．国際植物遺伝資源研究所の示す指導概要には，植物遺伝資源の保存法としてふたつの方法が示されている．施設内保存法(自生地外保存法：ex-situ conservation)と自生地内保存法(in-situ conservation)である(IPGRI, URL: http://www.ipgri.cgiar.org/)．

　施設内保存法とは，自然集団や農耕地から植物の種子や栄養体，あるいは個体そのものを採集し，それらを種子保存庫や温室，実験圃場などの施設内で管理する方法である．自生地内保存法とは，対象とする植物の自然集団をそれらの自生地において，あるいは作物の場合は品種を一般の耕作地において管理する方法である．この自生地内保存法では，対象とする植物のみではなく，それらを取り巻くほかの生物や自然環境も同時に保存していくことを念頭においている．施設内保存法では，既存の施設を利用し集約的な管理を行なうことができるほか，一般に植物を系統として整理したうえで保存するため，遺伝資源の情報公開や配布が円滑に行なえるなどのメリットがある．そのため，遺伝資源が注目されだす以前より，多くの研究機関や個人の研究者によってこの方法による植物遺伝資源の保存が試みられてきた．その反面，施設内保存法では，施設の規模や管理費用などの事情により保存できる個体や系統の数が制限されてしまうなどのデメリットがある．多くの場合，自然集団がもつすべての遺伝変異を保存しようなどという計画は現実的ではない．また，保存庫に収められた種子などはやがて寿命を迎えてしまうため，定期的に栽培を行ない世代を更新してやる必要がある．この保存系統の更新時に無意識的な選択を与えてしまうことがあり，ときとして保存系統の形質が初

めに採集されたときとは別のものになってしまっていることもある(Frankel and Soule, 1981)。これに対し，自生地内保存法の，「植物の進化をはぐくんできた自生地の環境下において集団がもつ本来の遺伝的な多様性をまるごと保存する(Maxted et al., 1997)」という試みは，粗放的ではあるが施設内保存法の短所を補える有効な手段として，近年になり注目を集めている。

自生地内保存法については集団遺伝学的な理論研究を含め長くその具体的な方策について論議が交わされてきたが(Lynch, 1996)，実際の試みにおいては多くの問題点を生じているようである。その原因は，遺伝資源破壊をもたらしている要因やその程度が植物種ごと，しいては集団ごとに異なるため，施設内保存法の場合と違って一般策が通用しないケースが頻繁にでてきてしまうことにある。つまり，ある特定の植物の遺伝資源を保存するには，その植物の状況に応じた方策を立てることが必要となる。そのためには保存対象となる植物集団の生態的特徴や遺伝構造についての基礎情報を集めることから始めなければならない。

2. タイにおける野生イネ遺伝資源破壊の現状

国立遺伝学研究所のメンバーを中心とする研究グループは1970年代の後期より東南アジアのタイにおいて野生イネ集団の定点調査を行なってきた。得られた結果は調査ごとに報告書として冊子にまとめられており，それらを紐解くことで野生イネ集団が時代とともにどのような変遷を遂げてきたのかを把握することができる(第9章参照)。これら一連の報告のなかでもとに *O. rufipogon* 集団についての記録は詳細で，タイにおける *O. rufipogon* 遺伝資源の破壊のさまを明確に読み取ることができる。以下では，この研究グループによって比較的早い時代より定点調査が開始され，タイでの中心的な研究サイトとなりながらも，調査半ばにして絶滅の運命をたどってしまったひとつの *O. rufipogon* 集団を例として，野生イネ遺伝資源破壊の現状を紹介していく。しかし，その前にタイの *O. rufipogon* の特性と，それらの遺伝資源破壊を引き起こしている要因について説明をしておこう。

タイの O. rufipogon

アジアの O. rufipogon には一年生型から多年生型へかけての連続的な分化が生じていることはすでに第1章において紹介された。タイではこれら一年生型と多年生型，そしてその中間型のすべての生態型を観察することが可能である。これら生態型の分布は地域的に見ると重なる場合もあるが，局地的には一年生型は多年生型に比べより乾期の乾燥が激しい場所に生育地を得ることですみわけをしているようである。これまでのところタイ国内において一年生型と多年生型が同所的に存在したという記録は，多年生集団が撹乱された後の過渡的状況で観察された以外にはない。

繰り返しになるが，タイでは O. rufipogon 遺伝資源の破壊が深刻化している。この破壊はさまざまな要因が重なり合って引き起こされたと考えられるが，それら要因のなかでもとくに影響力の強いものとして次のふたつがあげられる。ひとつは人間活動による自生地の撹乱である。これは直接的に集団数や個体数の減少へと結びつく。もうひとつは栽培イネとの自然交雑による遺伝的侵食である。野生イネが生育するような場所では栽培イネも育てやすいということなのか，多くの O. rufipogon 集団の近傍には水田が開墾されている。そのような場所では O. rufipogon と栽培イネとのあいだで自然交雑が生じ，野生イネの遺伝子が栽培イネの遺伝子に置き換えられてしまうのだ。つまり，たとえ集団が絶滅から逃れられたとしても，O. rufipogon は本来の遺伝的特性を失ってしまう結果となる(Akimoto et al., 1999)。

これまで行なわれたさまざまな野生植物の遺伝資源破壊に関する研究では，自生地の撹乱という観点からのみ調査を行なったものが多かった。しかし，野生イネをはじめ，野生ダイコン(Chevre et al., 2000)，野生ニンジン(Hauser and Bjorn, 2001)，野生アズキ(保田・山口，1998)など，種間交雑が可能な栽培種が同所的に存在しうるものについては遺伝的侵食という観点も同時に考慮していかなければならないのである。そこで本章では，O. rufipogon 集団がとげた遺伝構造の変遷を自生地の撹乱と遺伝的侵食というふたつの観点から検討していく。

CP20

　今回とりあげた *O. rufipogon* 集団はアユタヤ市郊外に存在していた。アユタヤ市はバンコクの北 80 km ほどに位置する遺跡の町で，日本人には山田長政がアユタヤ王朝時代に頭領として滞在した日本人町があった都市としてもなじみが深い。アユタヤ市周辺はタイのなかでもとくに稲作が盛んな地域で，雨期には洪水によって深水状態となるため浮きイネが多く栽培されている。この集団も一方を浮きイネの水田に接した配置になっている。先の調査報告書によるとこの *O. rufipogon* 集団で初めに調査が行なわれたのは 1976 年で，その後毎年のように *O. rufipogon* やその共生草本の植生について記録がとられている。私がこの集団で仕事をするようになったのは 1994 年からで，年代的にはまさに集団が消滅していく姿を観ていたことになる。

　この集団に生えている *O. rufipogon* は一年生と多年生の中間型の性質を示すものであった。つまり，葯が長い，芒(のげ)があまり発達しない，背が高く稈に多数の節を分化するなど形態的には多年生の *O. rufipogon* に似通っているが，種子を多産する，実生をつくり頻繁に世代交代を行なうなどといった特性はじつに一年生的なのである。

　調査の過程でこの集団には CP20 というサイトコードがつけられた。タイの中央平原(central plain)で調査された 20 番目の集団という意味である。

自生地環境の撹乱と集団サイズの変動

　調査が始められた 1976 年当時，CP20 は道路と浮きイネの水田にはさまれた 150 m×150 m ほどの広大な集団であった。集団全体を見渡した場合の野生イネの被覆度(coverage)，つまり単位面積あたりの野生イネの占有スペースは 40% 程度で，共存植物としてはサツマイモ属やスズメノヒエ属などの中型の草本種が目立っていた。その後，野生イネはこのサイトにおいて人間活動や動物によるさまざまな撹乱を受け，集団の規模を変動させていく。年代ごとに受けた撹乱と集団動態との関連性を，野生イネの被覆度を指標にながめると次のようになる(図1)。

　1976 年から 1980 年のあいだでは，集団全体としてほぼ 30% 前後の被覆度を保っていた。このころの調査記録には，「野生イネは水牛による食害をし

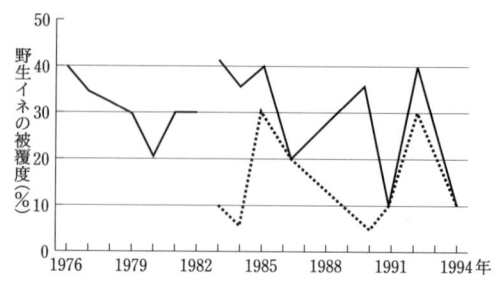

180　第III部　野生イネの過去，現在，そして未来

図1　CP20における野生イネの被覆度の変異。1983年以降の実線は集団中央部での値を，破線は水田と隣接する周縁部での値をそれぞれ表わす。

ばし受けている」，「水田跡を焼いた火が周辺に引火し，野生イネが焼かれた」などの撹乱の記載がある。CP20と水田との境には水路が掘られていたが，両者を仕切るフェンスなどはなく，しばし栽培イネがCP20内に侵入したり，耕作のため人が野生イネを踏みにじったりしていた。集団の中央部と水田と接する周縁部とでは，野生イネの撹乱状況や被覆度に差が生じることから，1982年以降は集団の中央部と周縁部に分けて記録がとられている。1985年まで集団内部における野生イネの被覆度はほぼ40%を横ばいする。一方，周縁部では1984年ごろまでにかけて急激に野生イネの被覆度が低下する。これは隣接する水田で行なわれた農作業の影響で，この時代しばしば野生イネの生育場所が農家によって意図的に耕されている。耕された後の土壌には野生イネの実生が多数観察されており，集団の世代更新が行なわれていたと推測される。この周縁部も1985年には被覆度が一度は30%程度まで回復し，集団全体にわたって野生イネが繁茂するようになる(写真1A)。その後1986年にかけて集団の内部でも周縁部でも被覆度の低下が認められるようになる。これはこの年にCP20を含む土地一帯が政府の所有地になり，管理のため地上部の植物が刈取られたことによる。内部では，数年後一見被覆度が回復したかのように見られるが，この値は集団内に設置された複数の方形区におけるデータを平均したもので，なかには被覆度が0%に近い場所もあった。1991年に再び被覆度の低下が生じる。このときはCP20に隣接する道路の拡張工事とガソリンスタンドの建設にともない，野生イネの自生地が広く埋め立てられた(写真1B)。また，ガソリンスタンドからの排水の

写真1 自生地環境の撹乱の経過。A：1985年、まだ野生イネが集団中で優占していた。B：1991年、集団わきにガソリンスタンドが建設された。C：1994年、野生イネはまばらとなり、集団は分断化された。D：1996年、CP20はついに消滅し、その跡にはビルが建設された。

流入やゴミの投棄により水質や土壌の汚染が進んだ。1992年ごろにかけて一度被覆度が上昇するが，これは水田での耕作が放棄され，人的な撹乱が弱まったことによると考えられる。しかし，再び耕作が始まり，過度の撹乱が加わると被覆度は低下してゆく。そして1994年には野生イネはまばらにしか存在しなくなり，分断化された小さなパッチを形成するのみとなった（写真1C）。このころ集団内にはカヤツリグサ属やスゲ属などの大型草本が増え，野生イネの生育場所を圧迫していた。水質の富栄養化がこれら大型草本の繁茂を引き起こしたのかもしれない。

野生イネが集団を維持するためには，きわめて安定な環境に身をおくよりもつねにある程度の撹乱を受け続ける方がよいとされる（谷田，1998）。そうすることで野生イネどうし，あるいはほかの共存植物との競争が緩和されるとともに，定期的な世代更新が行なえるようになるのだ。しかし撹乱が不規則で，またその程度が集団を維持するための閾値を超えてしまっている場合，集団の個体数は急激に変動してしまう。CP20のように個体数の増減の激しい集団で危惧されるのはびん首効果（bottleneck effect）*による遺伝的多様性の消失である（Hedrick, 2000）。つまり集団サイズが縮小したときに生き残ったわずかな個体の遺伝子型が，その後の集団の回復にともない優占的に拡散され，結果的に集団全体が単型化してしまうのである。次にCP20の遺伝構造が時代とともにどのように変化していったかをみていこう。

消えゆく野生イネ

先の研究グループはCP20において過去数回の種子採集を行なっている。なかでも1985年と1994年には比較的規模の大きな採集が行なわれている。そこでこのふたつの採集種子集団を供試して11酵素17遺伝子座のアロザイム多型性を調査した。実験結果の考察を行なうにあたり，図2の模式図のように，全集団を1985年ではA〜Dの4つの分集団に，1994年ではⅠ〜Ⅲの3つの分集団に地理的に分割した。なお，1985年当時，野生イネは集団全域

---

* メンデル集団を構成する生殖可能な個体の数が，ある期間の世代にわたって減少し再び増加したときに，遺伝的浮動によって生ずる集団の遺伝子頻度の変化。

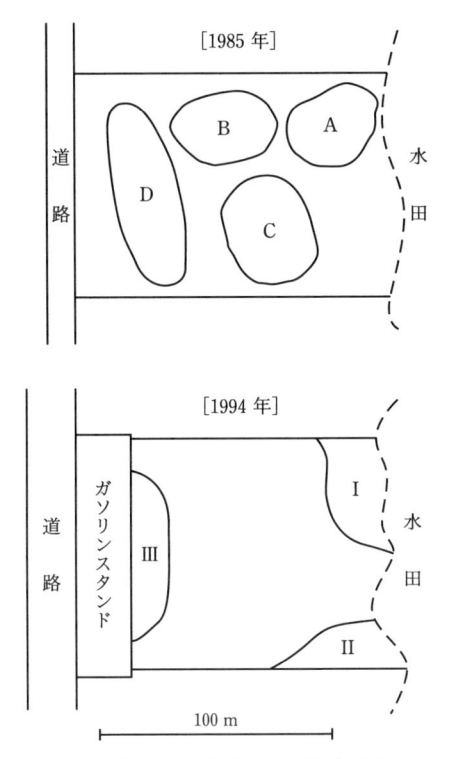

図2 1985年と1994年におけるCP20の模式図（Akimoto et al., 1999をもとに作成）。1985年では全集団をA～Dの4分集団に，1994年では全集団をⅠ～Ⅲの3分集団にそれぞれ分割した。

にわたり生育が確認できたが，模式図のように大きく4つのパッチを形成していたため，それに従って区分した。一方1994年には野生イネはまばらにしか存在せず，この3つの分集団のあたりにしかまとまった野生イネが確認できなかった。

　アロザイム多型のデータをもとに，"集団がどれくらい遺伝的に変異に富んでいるか"を表わす集団遺伝学上の指標である「遺伝子多様度（gene diversity）」を計算した（表1）。この遺伝子多様度は0～1のあいだの値をとり，その値が高いほど集団が遺伝的な多様性に富んでいることを意味している。1985年では遺伝子多様度の値が分集団で0.237～0.269という値を示し，集団全体での値が0.278であった。これに対し，1994年では分集団の値が

表1 1985年と1994年のサンプルにおける遺伝子多様度(H)，および対立遺伝子 *Pgi1-1* をもつ個体の割合(P)

分集団		N^*	H	P	分集団		N^*	H	P
1985	A	24	0.269	0.25	1994	I	16	0.217	0.38
	B	24	0.263	0		II	8	0.198	1.00
	C	22	0.260	0		III	12	0.167	0
	D	16	0.237	0					
集団全体		86	0.278	0.07	集団全体		36	0.249	0.39

*調査個体数

0.167〜0.217，集団全体の値が0.249と，1985年と比較しかなり低い値となっている．1985年以降，刈取りや埋立てによる強度の撹乱を受け，野生イネは個体数の増減を繰り返しながら衰退していった．その結果，びん首効果により約10年のあいだに集団の遺伝的な多様性がみごとに損なわれてしまったのである．

　分集団内の個体の構成を見てみると，1985年ではどの分集団にも比較的似通った遺伝子型をもつ個体が含まれていた．それに対し，1994年ではそれぞれの分集団ごとに異なる遺伝子型をもつ個体が含まれる傾向を示した．ここで，"集団の遺伝子頻度がHardy-Weinberg平衡*からどれくらい偏っているか"を示す近交係数あるいは固定指数(fixation index)と呼ばれる値を計算してみると，1985年では−0.300であった値が1994年では0.197と大きくなっていた．これは1985年の集団に比べ1994年の集団では近親交配，あるいは自殖を行なう傾向が強まったことを意味している(Nei and Kumar, 2000)．実際に集団の他殖率を推計してみると，1985年では53.8%であったものが1994年には23.6%にまで低下している．1985年から1994年までの約10年間に生じた個体数の減少は集団の分断化を引き起こした．そのため，分集団間の交雑の機会は減少し，それぞれの分集団内では少数の個体による

---

* 遺伝子 A と a がそれぞれ p と q の頻度($p+q=1$)で存在する集団において，遺伝子型 AA, Aa, および aa の頻度がつねにそれぞれ p^2, $2pq$, および q^2 で期待できるとき，この集団はHardy-Weinberg平衡にあるという．これが成立するためには，集団内で無作為交配が行なわれている，集団サイズが十分に大きい，自然選択の影響を受けていないなどの条件が必要である．

近親交配，あるいは自殖が行なわれるようになったと考えられる。その結果，分集団の遺伝子型は単型化するとともに分集団ごとに異なる遺伝子型が分化していったのであろう。

残された野生イネ

アロザイム多型を調べていくうちに興味深いことに気がついた。これまでの研究で，この地域の栽培イネの多くは *Pgi1* 遺伝子座に *Pgi1-1* という対立遺伝子をもつことがわかっている。CP20 に隣接する水田で過去に栽培された浮きイネの遺伝子型を調べてみてもみな *Pgi1-1* をもっていた。一方，一般にこの地域の野生イネは *Pgi1* 遺伝子座に *Pgi1-2* という対立遺伝子をもっている。しかし，CP20 の個体を分析すると *Pgi1-2* をもつ個体に混ざって，*Pgi1-1* をホモあるいはヘテロの状態でもつものが多数見つけられた。そこで 1985 年と 1994 年の各分集団について *Pgi1-1* をもつ個体の割合を計算した(表1)。1985 年では，水田の近くに位置する分集団Aの 25% の個体が *Pgi1-1* をもっていたが，ほかの 3 分集団にはこの対立遺伝子をもつ個体は存在しなかった。これに対し 1994 年では分集団Ⅰの 37.5% の個体が，そして分集団Ⅱの 100%，つまりすべての個体が *Pgi1-1* をもっていた。また，水田から離れた分集団Ⅲには *Pgi1-1* をもつ個体は存在しなかった。*Pgi1-1* をもつ個体の葉緑体 DNA を RFLP 分析* によって調べると，そのハプロタイプは *Pgi1-2* をもつほかの野生イネと同じで，栽培イネとは明確に区別された。このことから *Pgi1-1* をもつ個体は水田からの逸脱個体ではないことがわかる。これらの結果から，野生イネと栽培イネが隣接する場所では両者のあいだで自然交雑が行なわれており，おもに自殖を行なう栽培イネから半他殖の野生イネへと一方向的な遺伝子流動(gene flow)が生じていると推測できる。

CP20 で採集された野生イネの小穂と浮きイネの小穂の形態を比較してみ

---

* 制限酵素断片長多型(restriction fragment length polymorphism)分析。特定の塩基配列部位で DNA を切断する酵素を用いて DNA を切断し，電気泳動により分子量にしたがって DNA 断片を分離する方法。

る(写真2)。写真の上段が1985年に採集されたもの，下段が1994年に採集されたものである。なお，写真の野生イネの小穂はあらかじめ芒の一部を折り除いてある。この地域の浮きイネを含め，栽培イネの多くは黄褐色の穎をもつ。一方，野生イネは紫褐色の穎をもつものが多い。しかしCP20で採集された野生イネには茶褐色や栽培イネ同様黄褐色の穎をもつものも存在する。そのような野生イネは1994年に採集されたものに多く，また例外なく水田に隣接した分集団から採集されている。また，この栽培イネはインディカ品種で小穂が細長く，それに比べると野生イネの小穂は全体的に少しずんぐりしている。しかし，野生イネのなかにも栽培イネのように細長い小穂をつける個体が見つけられる。そこで，採集された小穂の縦長と幅を計測し，縦長/幅を計算してその値の分布をヒストグラムで表わした(図3)。栽培イネの小穂の縦長/幅を計算するとだいたい4.1という値になる。1985年に採集された野生イネサンプルでは分集団ごとの平均値は3.5前後となったが，水田近傍の分集団Aには栽培イネと同程度の値を示す個体も若干含まれていた。これが1994年のサンプルになると，水田に隣接した分集団のかなりの割合の個体が栽培イネと同じくらい細長い小穂をつけるようになっている。ただし，水田から離れた分集団IIIの値は1985年当時の値とさほど変化していなかった。

　おもに自殖を行なう栽培イネと半他殖型の野生イネを比較すると葯の長さにかなりの差があり，平均して野生イネの方が2倍ほど長い。長い葯をもつということは花粉を多産していることを意味し，風媒花である野生イネが花粉放散によって自らの遺伝子をなるべく多く後代に継承するためのひとつの戦略である。同じ野生イネでもおもに自殖を行なうものでは花粉生産に余計な資源を投資しないため，栽培イネと同程度の長さの葯しか発達させない。水田より採集した栽培イネの葯長を計測すると2〜3mmであった(図3)。これに対し1985年に採集された野生イネでは，分集団の位置にかかわらず平均5.5mmくらいの葯長を示した。しかし，1994年に採集された野生イネになると，水田近傍の分集団では平均値が5.0mmを下回り，栽培イネとまではいかずともかなり葯の短い個体が現われてくる。先ほど1994年の分集団では近親交配や自殖が進んでいると説明したが，集団の分断化のほか

第 10 章　野生イネは生き続けられるか　187

O. sativa

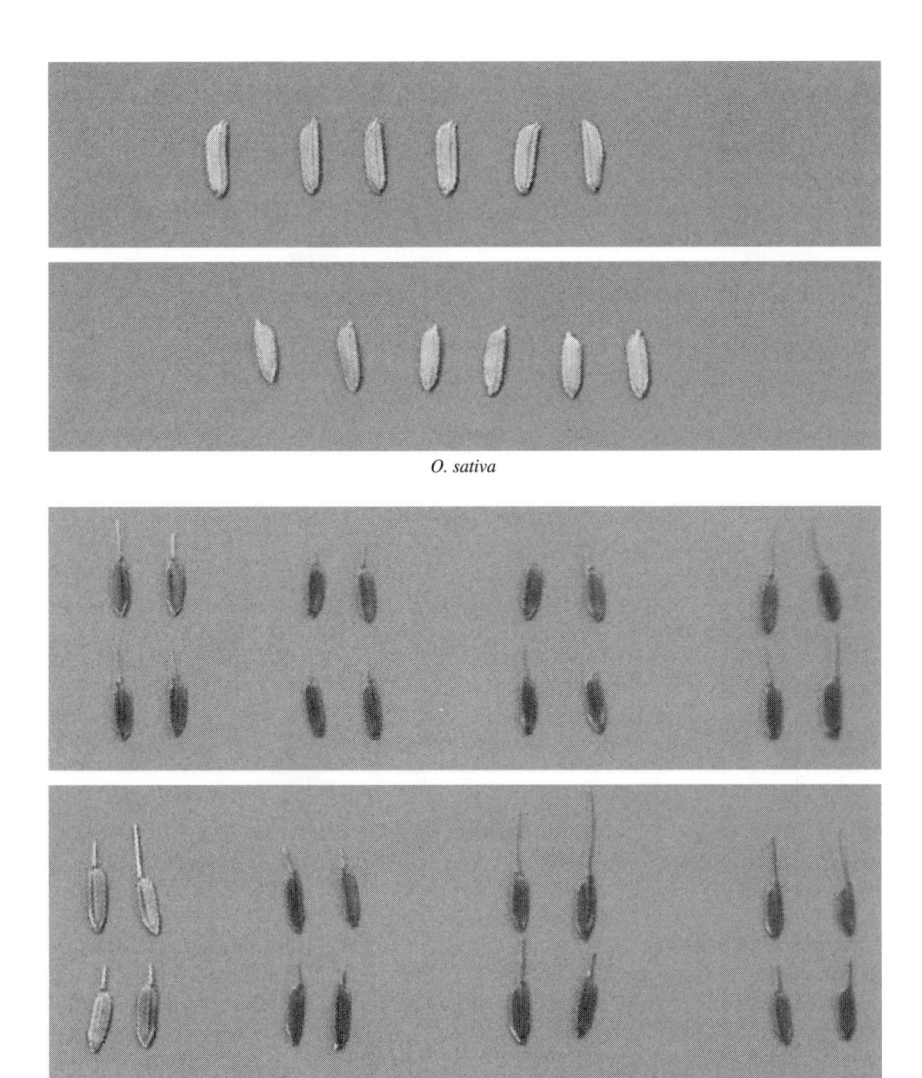

O. rufipogon

写真 2　CP20 で採集された野生イネ(*O. rufipogon*)の小穂と，隣接する水田で採集された栽培イネ(*O. sativa*)の小穂。それぞれの上段は 1985 年に採集されたもの，下段は 1994 年に採集されたもの。

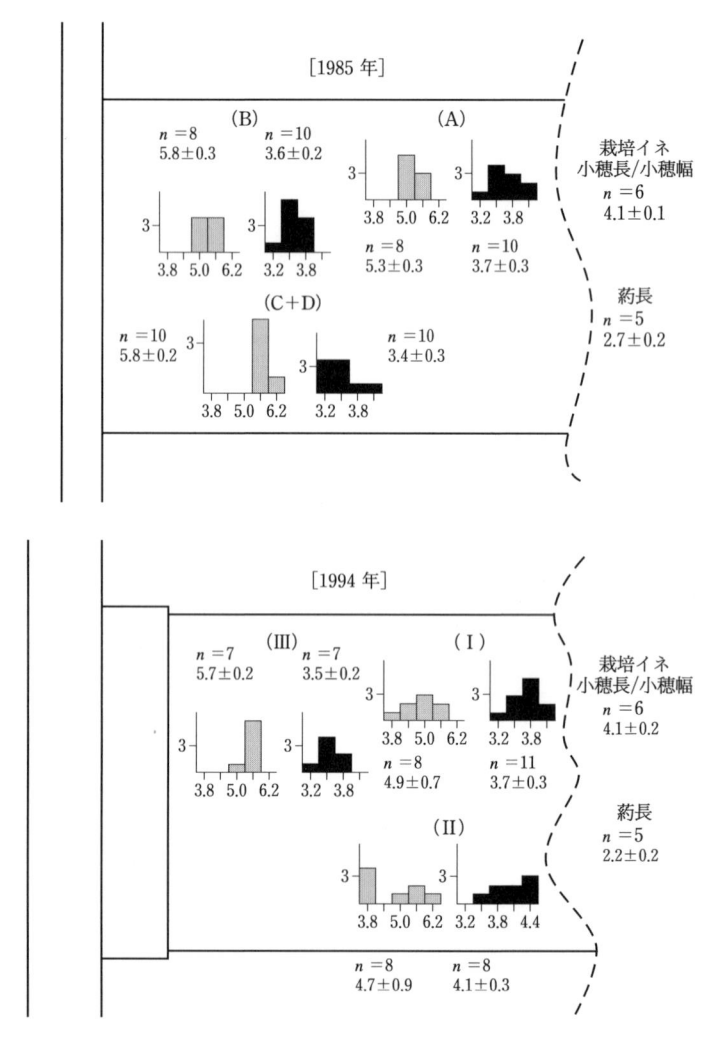

188　第III部　野生イネの過去，現在，そして未来

図3　各分集団内における小穂長/小穂幅，および葯長の値の分布。黒棒のヒストグラムは小穂長/小穂幅の値の分布を，灰色棒のヒストグラムは葯長の値の分布をそれぞれ表わす。図中の n は調査個体数を，その下には平均値±標準偏差をそれぞれ表わす。

に，野生イネの葯が短くなったことも近親交配や自殖を助長したと考えられる．また逆に，近親交配や自殖を余儀なくされた環境下で葯の短い個体が選択されてきた可能性も考えられる．なお，水田から離れた分集団IIIの葯長は1985年の野生イネと同等の値であった．

　集団中には小穂の形態や葯の長さのほかにも，脱粒性が低い，稈が直立する，芒が短いなど栽培イネに似た形質をもつ個体が認められた．それらはのきなみ水田近傍に多く生育しており，1985年に比べ1994年で集団中に頻出した．アイソザイム分析によって示されたとおり，野生イネと栽培イネが隣接している場所では浸透交雑により野生イネ本来の遺伝子が栽培イネの遺伝子に置き換えられているが，それにともない野生イネ本来の遺伝形質も損なわれていることがわかる．この野生イネの遺伝的侵食は1985年に比べ1994年の方が顕著であったが，それは，この10年間に生じた撹乱により，野生イネ集団内で世代更新が頻繁に行なわれたことに起因すると考えられる．栽培イネとの交雑の結果生まれた雑種は，雑種強勢などの影響により，元々の野生イネよりも競争的に優位に立てた可能性がある．また，栽培イネの形質を受け継いだ雑種は，半耕地化した撹乱環境にも適応が可能であっただろう．その結果，世代更新に際しては，元々の野生イネよりもこれら雑種の方が集団中に参入しやすく，また生き延びやすかったのではないかと推測できる．

集団の終焉

　1996年の3月に再びタイを訪れる機会があり，アユタヤまで足をのばした．自転車をレンタルしさっそくCP20に向かった．しかし，勝手知ったる場所であるはずの，CP20がなかなか見つからない．やがて見覚えのあるガソリンスタンドを見つけるがそこで息を呑む．かつてCP20であった場所の上にはコンクリートが敷き詰められ，大きなビルが建てられていたのだ（写真1D）．人目につかぬようこっそり建物の奥にはいるが，もう野生イネはおろかカヤツリグサ属やスゲ属すら見あたらない．CP20で採集された種子の一部は私の手元にあるが，今はもうCP20の存在はex-situでなければ確認できなくなってしまった．

3. 野生イネ遺伝資源の保存のために

　本章で紹介した CP20 の話は野生イネにおける特別な例ではない。アジア各地の多くの *O. rufipogon* 集団が同じような状況下で消滅の危機に瀕している。そして，それらに対する早急な自生地内保存の必要性が唱えられ続けている(Sato, 1994)。

　CP20 における一連の調査結果は，「集団がもつ本来の遺伝的な多様性を自生地において保存する」という自生地内保存法の目的を遂行するための具体的な留意点を示してくれた。そのひとつは，長期にわたり壊滅的な撹乱を受けないよう自生地環境の維持に努めることである。CP20 の例のように集団個体数の激しい変動や減少はびん首効果を助長させ，結果的に遺伝的な多様性を消失させてしまう。もうひとつは，栽培イネによる遺伝的侵食を防ぐことである。CP20 の例のように栽培イネとの浸透交雑が頻繁であったら，せっかく個体数を維持しても，集団がもつ本来の遺伝形質を保存したことにはならない。

　しかしながら，理論とは裏腹に，実際に自生地内保存を進めるとなると多くの障害に遭遇してしまう。たとえば CP20 が消滅した 1990 年代中期以降には，撹乱の恐れがなく水田からも隔離されている *O. rufipogon* 集団を見つけるのはもはや困難な状況になってしまっている。仮に運良く理想的な環境下の集団が見つけられたとしても，その環境がいつまで保たれるのか保証はない。だからといって，今さら野生イネ集団周辺の住民に開発を禁止したり，稲作を放棄させることなどできはしない。土地の所有者は自らの土地を埋め立て，耕し，経済活動を行なう権利をもつのだ。

　遺伝資源の保存はときとして地域社会の環境開発と相反するため，科学だけでは解決できない複雑な社会学的，経済学的問題をはらんでしまう。我々ができるのは，遺伝資源の大切さ，そしてそれらがおかれている現状を明確に示し，社会的な理解を求めていくことなのだ。現在タイやインド，ラオス，ネパールなどにおいて野生イネ自然集団の自生地内保存が試みられている。そして，研究者や行政機関，集団が存在する地域の住民などの協力により，

いくつかの集団が指定保護集団として，人間活動による破壊が及ばぬよう公的に管理されている。それら指定保護集団については野生イネ自生地内保存のモデルとして集団動態の経過が逐次記録されている。今後このような科学と政治，地域社会が相互の立場を理解しあい，力をあわせて保護集団をひとつひとつ増やしていくことが，野生イネ遺伝資源への理解と有効な保存につながると考えられる。

引用・参考文献

[野生イネのプロフィール]

Aggarwal, P. K., D. S. Brar and G. S. Khush. 1997. Two new genomes in the *Oryza* complex identified on the basis of molecular divergence analysis using total genomic DNA hybridization. Mol. Gen. Genet., 249: 65-73.

Aggarwal, P. K., D. S. Brar, S. Nandi, N. Huang and G. S. Khush. 1999. Phylogenetic relationships among *Oryza* species revealed by AFLP markers. Theor. Appl. Genet., 98: 1320-1328.

Akimoto, M. 1999. Bio-systematics in the AA genome wild taxa of genus *Oryza* (*Oryza sativa* complex): A comparative study of morpho-physiological traits, isozymes and RFLPs of nuclear and organelle. Ph. D. Thesis Hokkaido University.

Brar, D. S. and G. S. Khush. 1997. Alien introgression in rice. Plant Molecular Biology, 35: 35-47.

Cai, H. W. and H. Morishima. 2002. QTL clusters reflect character associations in wild and cultivated rice. Theor. Appl. Genet., 104: 1217-1228.

Chang, T. T. 1976a. The origin, evolution, cultivation, dissemination, and diversification of Asian and African rices. Euphytica, 25: 425-411.

Chang, T. T. 1976b. Paleogeographic origin of the wild taxa in the genus *Oryza* and their genomic relationship. Int Rice Res. Newslett., 2/76: 4.

Chatterjee, D. 1948. A modified key and enumeration of the specis of *Oryza* L. Indian J. Agric. Sci., 18(3): 185-192.

Cheng, C., S. Tsuchimoto, H. Ohtsubo and E. Ohtsubo. 2002. Evolutionary relationships among rice species with AA genome based on SINE insertion analysis. Genes & Genetic Systems, 77: 323-334.

Clayton, W. D. and S. A. Renvoize. 1986. Genera Graminum, grasses of the world. Kew Bull. XIII.

Dally, A. M. and G. Second. 1990. Chloroplast DNA diversity in wild and cultivated species of rice (genus *Oryza*, section *Oryza*). Cladistic-mutation and genetic distance analysis. Theor. Appl. Genet., 80: 209-222.

Doi, K., M. N. Nonomura, A. Yoshimura, N. Iwata and D. A. Vaughan. 2000. RFLP relationships of A-genome species in the genus *Oryza*. J. Fac. Agr. Kyushu University, 45: 83-98.

Gandolfo, M. A., K. C. Nixon, W. L. Crepet, D. W. Stevenson and E. M. Friss. 1998. Oldest known fossils of monocotyledons. Nature, 394: 532-533.

Gaut, B. S. 1998. Molecular clocks and nucleotide substitution rates in higher plants. Evolutionary Biology, 30: 93-120.

Ge, S., T. Sang, B. R. Lu and D. Y. Hong. 1999. Phylogeny of rice genomes with emphasis on origins of allotetraploid species. PNAS, 96: 14400-14405.

Ichikawa, H., A. Hirai and T. Katayama. 1986. Genetic analyses of *Oryza* species by molecular markers for chloroplast genomes. Theor. Appl. Genet., 72: 353-358.

Ishii, T. and S. R. McCouch. 2000. Microsatelites and microsynteny in the chloroplast genomes of *Oryza* and eight other Gramineae species. Theor. Appl. Genet., 100: 1257-1266.

Ishii, T., T. Terachi and K. Tsunewaki. 1988. Restriction endonuclease analysis of chloroplast DNA from A-genome diploid species of rice. Jpn. J. Genet., 63: 523-536.

Ishii, T., T. Nakano, H. Maeda and O. Kamijima. 1996. Phylogenetic relationships in AA genome species of rice as revealed by RAPD analysis. Genes & Genetic Systems, 71: 195-201.

Iwamoto, M., H. Nagashima, H. Higo and K. Higo. 1999. p-SINE-like intron of the *CatA* catalase homologs and phylogenetic relationships among AA genome *Oryza* and related species. Theor. Appl. Genet., 98: 853-886.

Joshi, S. P., V. S. Gupta, R. K. Aggarwal, P. K. Ranjekar and D. S. Brar. 2000. Genetic diversity and phylogenetic relationship as revealed by inter simple sequene repeat (ISSR) polymorphism in the genus *Oryza*. Theor. Appl. Genet., 100: 1311-1320.

Kanazawa, A., M. Akimoto, H. Morishima and Y. Shimamoto. 2000. The distribution of *Stowaway* transposable elements in AA genome species of wild rice. Theor. Appl. Genet., 101: 327-335.

金田忠吉. 2002. 野生イネの育種への利用. 近畿作育研究, 47：81-87.

Kanno, A. and A. Hirai. 1992. Comparative studies of the structure of chloroplast DNA from four species of *Oryza*: cloning and physical maps. Theor. Appl Genet, 83: 791-798.

McIntyre, C. L. and B. C. Winberg. 1998. A rapid means of identifying wild rice species DNA using dot blots and genome-specific rDNA probes. Genome, 41: 391-395.

Moncada, P., C. P. Martinez, J. Borrero, M. Chatel, H. Gauch Jr, E. Guimaraes, J. Tohme and S. R. McCouch. 2001. Quantitative trait loci for yield and yield components in an *Oryza sativa* × *Oryza rufipogon* BC_2F_2 population evaluated in an upland environment Theor. Appl. Genet., 102: 41-52.

Morishima, H. 1969. Phenetic similarity and phylogenetic relationships among strains of *Oryza perennis*, estimated by methods of numerical taxonomy. Evolution, 23: 429-443.

Morishima, H., Y. Sano and H. I. Oka. 1992. Evolutionary studies in cultivated rice and its wild relatives. Oxford Surveys in Evol. Biol., 8: 135-184.

Oka, H. I. 1988. Origin of Cultivated Rice. 254pp. Japan Scientific Societies Press, Tokyo /Elsevier, Amsterdam.

Raven, P. H. and D. I. Axelrod. 1974. Angiosperm biogeography and past continental movements. Ann. Mossouri Bot. Gard., 61: 539-673.

Roschevicz, R. 1931. A contribution to the knowledge of rice. Bull. Appl. Bot. Genet. Plan Breed., 27(4): 1-133.

Sano, Y. 1992. Genetic comparisons of chromosome 6 between wild and cultivated rice. Jpn. J. Breed., 42: 561-572.

Sano, Y. and R. Sano. 1990. Variation of the inter spacer region of ribosomal DNA in cultivated and wild rice species. Genome, 33: 209-218.

Second, G. 1985. Evolutionary relationships in the *Sativa* group of *Oryza* based on isozyme data. Genet. Sel. Evol., 17: 89-114.

Second, G. 1991. Molecular markers in rice systematics and the evaluation of genetic resources. *In* "Rice Biotechnology in Agriculture and Forestry 14"(ed. Bajaj, Y.P.S.), pp.468-494. Springer-Verlag, Berlin.

Second, G. and Z. Y. Wang. 1992. Mitochondrial DNA RFLP in genus *Oryza* and cultivated rice. Genet. Resour. Crop Evol., 39: 125-140.

Sharma, S. D. and S. V. S. Shastry. 1965. Taxonomic studies in genus *Oryza* L. III. *Oryza rufipogon* Griff. sensu stricto and *O. nivara* Sharma et Shastry *nom.nov*. Ind. J. Genet. Plant Breed., 25: 157-167.

Shcherban, A. B., D. A. Vaughan, N. Tomooka and A. Kaga. 2001. Diversity in the integrase coding domain of a gypsy-like retrotransposon among wild relatives in the *Oryza officinalis* complex. Genetica, 110: 43-53.

Soreng, R. J. and J. I. Davis. 1998. Phylogenetics and character evolution in the grass family (Poaceae): Simultaneous analysis of morphological and chloroplast DNA restriction site character sets. Botanical Review, 64(1): 1-67.

Tateoka, T. 1963. Taxonomic studies of *Oryza*. III. Key to the species and their enumeration. Bot. Mag. Tokyo, 76: 165-173.

Tzvelev, N. N. 1989. The system of grasses (Poaceae) and their evolution. Botanical Review, 55(3): 141-203.

Vaughan, D. A. 1989. The genus *Oryza* L. Current status of taxonomy. IRRI Res. Pap. Ser. 138. 21pp.

Vaughan, D. A. 1994. Wild Relatives of Rice: Genetic resources handbook. 137pp. IRRI, Los Banos, Philippines.

Vaughan, D. A. and H. Morishima. 2003. Biosystematics of the genus *Oryza*. *In* "Rice: Origin, History, Technology and Production" (ed. Smith, C. W. and R. H. Dilday), pp.27-65. John Wiley & Sons, New York.

Vaughan, D. A., H. Morishima and K. Kadowaki. 2003. *Oryza* diversity and genetic resources research. Current Opinion in Plant Biology, 6: 139-146.

Wang, Z. Y., G. Second and S. D. Tanksley. 1992. Polymorphism and phylogenetic relationships among species in the genus *Oryza* as determined by analysis of nuclear RFLPs. Theor. Appl. Genet., 83: 565-581.

Wolfe, K. H., M. Gouy, Y. W. Yang, P. M. Sharp and W. H. Li. 1989. Date of monocot-dicot divergence estimated from chloroplast DNA sequence data. PNAS, 86: 6201-6205.

Xiao, J., J. Li, S. Grandillo, S. N. Ahn, L. Yuan, S. D. Tanksley and S. R. McCouch. 1998. Identification of trait-improving quantitative trait loci alleles from wild rice relative, *Oryza rufipogon*. Genetics, 150: 899-909.

［フィールドと実験室のあいだで］

Akimoto, M. 1999. Bio-systematics in the AA genome wild taxa of genus *Oryza* (*O. sativa* complex): A comparative study of morpho-physiological traits, isozymes and RFLPs of nuclear and organelle. Ph.D. Thesis Hokkaido University.

Bres-Patry, C., M. Lorieux, G. Clement, M. Bangratz and A. Ghesquiere. 2001. Heredity and genetic mapping of domestication-related traits in a temperate *japonica* weedy rice. Theor. Appl. Genet., 102: 118-126.

Cai, H. W. and H. Morishima. 2002. QTL clusters reflect character associations in wild and cultivated rice. Theor. Appl. Genet., 104: 1217-1228.

Clausen, J. and W. M. Hiesey. 1958. Experimental studies on the nature of species. V.

Genetic structure of ecological races. Carnegie Institute, Washington D.C., Publ. 615.
Grant, V. 1981. Plant Speciation. 563pp. Columbia University Press, New York.
Harlan, J. R. 1975. Crops and Man. 295pp. Am. Soc. Agron., Madison.
Joly, H. and A. Sarr. 1985. Preferential associations among characters in crosses between pearl millet (*Pennisetum typhoides*) and its wild relatives. *In*: "Genetic Differentiation and Dispersal in Plants" (ed. Jacquard, P. et al.), pp.95-111. NATO ASI Series G5.
Khavkin, E. and E. Coe. 1997. Mapped genomic locations for developmental functions and QTLs reflect concerted groups in maize (*Zea mays* L.). Theor. Appl. Genet., 95: 343-352.
Koinange, E. M. K., S. P. Singh and P. Gepts. 1996. Genetic control of the domestication syndrome in the common bean. Crop Sci., 36: 1037-1045.
Lande, R. and D. W. Schemske. 1985. The evolution of self-fertilization and inbreeding depression in plants. I. Genetic models. Evolution, 39: 24-40.
Morishima, H. 2001. Evolution and domestication in rice. *In* "Rice Genetics IV. Proceed. IVth Int. Rice Genet. Symp." (ed. Khush, G. S. et al.), pp.89-92. Science Publishers Inc., New Delhi.
森島啓子. 2001. 野生イネへの旅. 184 pp. 裳華房.
Morishima, H. (compiled). 2002. Reports of the study-tours for investigation of wild and cultivated rice species. Part I & II. 498pp & 398pp.
Morishima, H. and P. Barbier. 1990. Mating system and genetic structure of natural populations in wild rice *Oryza rufipogon*. Plant Species Biology, 5: 31-39.
森島啓子・佐野芳雄・佐藤洋一郎. 1985. 沖縄における野生イネ集団の自生能力に関する生態遺伝学的研究. 44 pp. 文部省科学研究費報告.
Morishima, H., Y. Sano and H. I. Oka. 1992. Evolutionary studies in cultivated rice and its wild relatives. Oxford Surveys in Evol. Biol., 8: 135-184.
Oka, H. I. 1988. Origin of Cultivated Rice. 254pp. Japan Science Society Press, Tokyo/ Elsevier, Amsterdam.
Oka, H. I. 1990. Ecology of seed survival and germination in the common wild rice. *In* "Adv. in Sci. and Technol. of Seeds" (ed. Jiarui, F. and A. H. Khan), pp.244-249. Science Press, Beijing & New York.
Oka, H. I. 1992. Ecology of wild rice planted in Taiwan. III. Differences in regenerating strategies among genetic stocks. Bot. Bull. Acad. Sin., 33: 133-140.
Oka, H. I. and W. T. Chang. 1960. Survey of variations in photoperiodic responses in wild *Oryza* species. Bot. Bull. Acad. Sin. 1: 1-14.
Oka, H. I. and H. Morishima. 1967. Variations in the breeding systems of a wild rice, *Oryza perennis*. Evolution, 21: 249-258.
Ritland, K. 1990. Inferences about inbreeding depression based on changes of the inbreeding coefficient. Evolution, 44: 1230-1241.
Sano, Y. and H. Morishima. 1982. Variation in resource allocation and adaptive strategy of a wild rice, *Oryza perennis* Moench. Bot. Gaz., 143: 518-523.
Xiong, L. Z., K. D. Liu, X. K. Dai, C. G. Xu and Q. Zhang. 1999. Identification of genetic factors controlling domestication-related traits of rice using an F_2 population of a cross between *Oryza sativa* and *O. rufipogon*. Theor. Appl. Genet., 98: 243-251.

[種子とクローンの両方で殖える集団の遺伝理論]

Caballero, A. 1994. Developments in the prediction of effective population size. Heredity, 73: 657-679.

Crow, J. F. and M. Kimura. 1970. An Introduction to Population Genetics Theory. 591pp. Harper & Row, New York.

クロー, J. F. (Crow, J. F.). 1989. 基礎集団遺伝学(安田徳一訳). 252 pp. 培風館.

フアルコナー, D. S. (Falcomer, D. S.). 1993. 量的遺伝学入門 第3版(田中嘉成・野村哲郎訳). 546 pp. 蒼樹書房.

Haig, S. M. 1998. Molecular contributions to conservation. Ecology, 79: 413-425.

Harper, J. L. 1977. Population Biology of Plants. 892pp. Academic Press, London.

Hartl, D. L. and A. G. Clark. 1989. Principles of Population Genetics (2nd ed.). 682pp. Sinauer Associates INC., Sunderland.

Lande, R. 1994. Risk of population extinction from fixation of new deleterious mutations. Evolution, 48: 1460-1469.

Lynch, M. and R. Lande. 1993 Evolution and extinction in response to environmental change. *In*, "Biotic Interactions and Global Change" (ed. Kareiva, P., J. G. Kingsolver and R. B. Huey), pp.234-250. Sinauer, Sunderland.

森島啓子. 1982. 集団の繁殖と構想. 植物遺伝学 V, 生態遺伝と進化(酒井寛一編), pp. 1-40. 裳華房.

Nei, M. 1973. Analysis of gene diversity in subdivided populations. Proc. Acad. Sci. USA, 70: 3321-3323.

根井正利. 1993. 分子進化遺伝学(五條堀孝・斉藤成也訳). 433 pp. 培風館.

Oka, H. I. 1988. Origin of Cultivated Rice. Japan Scientific Societies Press, Tokyo/Elsevier, Amsterdam.

Pritchard, J. K., M. Stephens and P. Donnelly. 2000. Inference of population structure using multilocus genotype data. Genetics, 155: 945-959.

Richards, A. J. 1986. Plant Breeding Systems. 529pp. George Allen & Unwin, London.

Wang, J. and A. Caballero. 1999. Developments in predicting the effective size of subdivided populations. Heredity, 82: 212-226.

Wright, S. 1931. Evolution in Mendelian populations. Genetics, 16: 97-159.

Wright, S. 1965. The interpretation of population structure by F-statistics with special regard to systems of mating. Evolution, 19: 395-420.

Wright, S. 1969. Evolution and the Genetics of Populations Vol. II. The Theory of Gene Frequencies. 511pp. University of Chicago Press, Chicago.

Yonezawa, K. 1997. Effective population size of plant species propagating with a mixed sexual and asexual reproduction system. Genet. Res. Camb., 70: 251-258.

Yonezawa, K. 2001. *In situ* conservation strategies for plant species: some comments based on the recent advances in population genetic theories. *In* "*In Situ* Conservation Research" (ed. Oono, K., D. Vaughan, N. Tomooka and S. Miyazaki), pp.43-81. Research Council Secretariat of MAFF and National Institute of Agrobiological Researches, Tsukuba.

Yonezawa, K., T. Ishii, T. Nomura and H. Morishima. 1996. Effectiveness of some management procedures for seed regeneration of plant genetic resources accessions. Genetic Resources and Crop Evolution, 6: 517-524.

Yonezawa, K., E. Kinoshita, Y. Watano and H. Zentoh. 2000. Formulation and estimation of the effective size of stage-structured populations in *Fritillaria camtschatcensis*, a perennial herb with a complex life-history. Evolution, 54: 2007-2013.

[熱帯の森林 – サバンナ連続移行地帯]

Aggarwal, R. K., D. S. Brar, S. Nandi, N. Huang and G. S. Khush. 1999. Phylogenetic relationships among *Oryza* species revealed by AFLP markers. Theor. Appl. Genet., 98: 1320-1328.

Biswal, J. and S. D. Sharma. 1987. Taxonomy and phylogeny of *Oryza collina*. Oryza, 24: 24-29.

Brar, D. S. and G. S. Khush. 1997. Alien introgression in rice. Plant Mol. Biol., 35: 35-47.

Cheng, J. J. and S. Matsunaka. 1990. The propanil hydrolyzing enzyme aryl acylamidase in the wild rices of genus *Oryza*. Pest. Biochem. Physiol., 38: 26-33.

Clayton, W. D. and S. A. Renvoize. 1986. Genera Graminum: Grasses of the world. 389pp. Crown Copyright, London.

Dally, A. M. and G. Second. 1990. Chloroplast DNA diversity in wild and cultivated species of rice (genus *Oryza*, section *Oryza*). Cladistic-mutation and genetic-distance analysis. Theor. Appl. Genet., 80: 209-222.

Dassanayake, M. D. and F. R. Fosberg (eds.). 1991. A Revised Handbook to the Flora of Ceylon. 482pp. Balkema Publishers, Rotterdam.

Duistermaat, H. 1987. A revision of *Oryza* (Gramineae) in Malesia and Australia. Blumea, 32: 157-193.

Gao, L. Z., S. Ge and D. Y. Hong. 2001. High levels of genetic differentiation of *Oryza officinalis* Wall ex. Watt from China. J. Hered., 92: 511-516.

Ge, S., T. Sang, B. R. Lu and D. Y. Hong. 1999. Phylogeny of rice genomes with emphasis on origins of allotetraploid species. PNAS, 96: 14400-14405.

Heinrichs, E. A., F. G. Medrano and H. R. Rapusas. 1985. Genetic Evoluation for Insect Resistance. 356pp. IRRI, Manila.

Hu, C. H. and C. C. Chang. 1967. Cytogenetic studies of *Oryza officinalis* complex. I. F_1 hybrid sterility in geographical races of *O. officinalis*. Bot. Bull. Acad. Sinica, 8: 8-19.

IRRI (International Rice Research Institute). 1988. 1987 Annual Report. 640pp. IRRI, Manila.

IRTP (International Rice Testing Program). 1989. 1989 IRTP Nurseries Master Fieldbook. 144pp. IRRI, Manila.

Ishii, T. and S. R. McCouch. 2000. Microsatellites and microsynteny in the chloroplast genomes of *Oryza* and eight other Graminae species. Theor. Appl. Genet., 100: 1257-1266.

Joseph, L., P. Kuriachan and K. Kalyanaraman. 1999. Collection and evaluation of the tetraploid *Oryza officinalis* Wall ex Watt (*O. malampuzhaensis* Krish. et Chand.) endemic to the Western Ghats, India. Genet. Res. Crop Evol., 46: 531-541.

Joshi, S. P., V. S. Gupta, R. K. Aggarwal, P. K. Ranjekar and D. S. Brar. 2000. Genetic diversity and phylogenetic relationship as revealed by inter simple sequence repeat (ISSR) polymorphism in the genus *Oryza*. Theor. Appl. Genet., 100: 1311-1320.

Katayama, T. and T. Ogawa. 1974. Cytological studies on the genus *Oryza*. VII.

Cytogenetical studies on F1 hybrids between diploid *O. punctata* and diploid species having C genome. Jpn. J. Breed., 24: 165-168.
Li, B. C., D. M. Zhang, S. Ge, B. R. Lu and D. Y. Hong. 2001. Identification of genome constitution of *O. malampuzhaensis*, *O. minuta* and *O. punctata* by multicolor genomic in situ hybridization. Theor. Appl. Genet., 103: 204-211.
Lu, B. R. 1999. Report on CRIFC-IRRI cooperative exploration and collection for wild rice species in Irian Jaya, Indonesia. (available at site http://www.irri.org/GRC/biodiversity).
McIntyre, B. Winberg, K. Houchins, R. Appels and B. R. Baum. 1992. Relationships between *Oryza* species (*Poaceae*) based on 5S DNA sequences. Plant Syst. Evol., 183: 249-264.
Muniyappa, V. and B. Raju. 1981. Response of cultivars and wild species of rice to yellow dwarf disease. Plant Dis., 65: 679-680.
Neto, G. C., Y. Kono, H. Hyakutake, M. Watanabe, Y. Suzuki and A. Sakuri. 1981. Isolation and identification of (−)− jasmonic acid from wild rice, *Oryza officinalis* as an antifungal substance. Agric. Biol. Chem., 55(12): 3097-3098.
Oka, H. I. 1958. Report of study-tour to Thailand for Investigation of Rice. 34pp. Rockefeller Foundation, New York.
Oka, H. I. 1988. Origin of Cultivated Rice. 254pp. Japan Scientific Societies Press, Tokyo/Elsevier, Amsterdam.
Proven, J., G. Corbett, J. W. McNicol and W. Powell. 1997. Chloroplast DNA variability in wild and cultivated rice (*Oryza* spp.) revealed by polymorphic chloroplast simple sequence repeats. Genome, 40: 104-110.
Second, G. 1984. A new insight into the genome differentiation in *Oryza* L. through isozyme studies. *In* "Advances in Chromosomes and Cell Genetics" (ed. Sharma, A. K. and A. Sharma), pp.45-78. Oxford & IBH, New Delhi.
Second, G. 1991. Trip to San Jose area (Occidental Mindoro). 5pp. Report on observations made. Mimeographed in IRRI library. IRRI, Manila.
Sharma, S. D. and S. V. S. Shastry. 1965. Taxonomic studies in genus *Oryza* L. IV. The Ceylonese *Oryza* spp. affin. *O. officinalis* Wall ex Watt. Ind. J. Genet. Plant Breed., 25: 168-172.
Shcherban, A. B., D. A. Vaughan and N. Tomooka. 2000. Isolation of a new retrotransposon-like DNA sequence and its use in analysis of diversity within the *Oryza officinalis* complex. Genetica, 108: 145-154.
Shcherban, A. B., D. A. Vaughan, N. Tomooka and A. Kaga. 2001. Diversity in the integrase coding domain of a *gypsy*-like retrotransposon among wild relatives of rice in the *Oryza officinalis* complex. Genetica, 110: 43-53.
Tateoka, T. 1962. Taxonomic studies of *Oryza* II. Several species complexes. Bot. Mag. Tokyo, 75: 455-461.
Tateoka, T. 1963. Taxonomic studies of *Oryza* III. Key to the species and their enumeration. Bot. Mag. Tokyo, 76: 163-173.
Tateoka, T. 1964. Report of explorations in East Africa and Madagascar. 16pp. Mimeographed in IRRI library. IRRI, Manila.
Tateoka, T. 1965a. A taxonomic study of *Oryza eichingeri* and *O. punctata*. Bot. Mag. Tokyo, 78: 156-163.

Tateoka, T. 1965b. Taxonomy and chromosome numbers of African representatives of the *Oryza officinalis* complex. Bot. Mag. Tokyo, 78: 198-201.
Tateoka, T. and J. V. Pancho. 1963. A cytotaxonomic study of *Oryza minuta* and *O. officinalis*. Bot. Mag. Tokyo, 76: 366-373.
Vaughan, D. A. 1990. A new rhizomatous *Oryza* species (Poaceae) from Sri Lanka. Bot. J. Linn. Soc., 103: 159-163.
Vaughan, D. A. 1994. Wild relatives of rice: Genetic resources handbook. 137pp. IRRI, Los Banos, Philippines.
Vaughan, D. A. and H. Morishima. 2002. Biosystematics of the genus *Oryza*. *In* "Rice: Origin, history, technology and production" (ed. Smith, C. W. and R. H. Dilday), pp. 27-65. John Wiley & Sons, New York.
Vaughan, D. A. and V. K. Muralidharan. 1989. Collecting wild relatives of rice from Kerala State, India. FAO/IBPGR Plant Genet. Res. Newsl., 75/76: 45-46.
Wang, Z. Y. and G. Second and S. D. Tanksley. 1992. Polymorphism and phylogenetic relationships among species in the genus *Oryza* as determined by analysis of nuclear RFLP's. Theor. Appl. Genet., 83: 565-581.
Wassa, J. M., E. K. Kakudidi and O. W. Maganyi. 1997. Wild rice collecting mission in Uganda. (available at http://www.irri.org/GRC/biodiversity).
Xie, Z. W., Y. Zhou, B. R. Lu, Y. P. Zou and D. Y. Hong. 1998. Phylogenetic relationship of genus *Oryza* as revealed by RAPD analysis. Int. Rice Res. Notes, 23: 6-8.
Yan, H. H., G. Q. Liu, Z. K. Cheng, X. B. Li, G. Z. Liu, S. K. Min and L. H. Zhu. 2002. A genome-specific repetitive DNA sequence from *O. eichingeri*: characterization, localization and introgression to *O. sativa*. Theor. Appl. Genet., 104: 177-183.

[南米野生イネの旅]

Ando, A. 1998a. O arroz cultivado e o selvagem no Brasil. *In* "A Cultura Japonesa Pré-industrial" (ed. Miyazaki, N.), pp.121-128. EDUSP, São Paulo.
Ando, A. 1998b. Coleta de germoplasma de especies selvagens e relativas ao gênero *Oryza* no Brasil. *In* "Anais de Encontro sobre temas de genética e melhoramento", pp.22-26. ESALQ/USP, Piracicaba. Brasil.
Ando, A., H. Morishima, E. F. Silva, M. Akimoto, E. N. Chaibub and P. S. Martins. 1999. Collecting wild relatives of rice in Paraguay and northeastern Argentina. Pl. Genet. Res. Newsletter, 118: 51-52.
Fehr, W. R. 1987. Interspecific hybridization. *In* "Principles of Cultivar Development", pp.165-171. Macmillan, New York.
Hoehne, F. C. 1937. Botânica e Agricultura no Brasil no Século XVI: Pesquisa e contribuição. 410pp. Nacional, São Paulo.
Mamani, M. E. 2002. Introgressão genética da espécie silvestre de arroz *Oryza glumaepatula* na cultivada *O. sativa*. MS Thesis. 60pp. ESALQ/USP, Piracicaba, São Paulo, Brazil.
森島啓子．2001．野生イネへの旅．184 pp. 裳華房．
Morishima, H. and P. S. Martins (ed.). 1994. Investigation of plant genetic resources in the Amazon Basin with the emphasis on the genus *Oryza*: Report of 1992/93 Amazon Project. 100pp. Nationa Institute of Genetics, Mishima, Japan.
Oliveira, G. C. X. 2002. A phylogenetic analysis of *Oryza* using chloroplast DNA

sequences. Ph. D. Thesis. Washington University MO.
Silva, E. F., R. Montalvan e Ando, A. 1999. Genealogia dos cultivares brasileiros de arroz-de-sequeiro. Bragantia. Campinas., 58(2): 281-286.
Vaughan, D. A. 1994. The Wild Relatives of Rice: Genetic resources handbook. 137pp. IRRI, Los Banos, Philippines.
Veasey, E. A. 2002. Estrutura genética de populações de espécies selvgens brasileiras de *Oryza* baseada em caracteres morfológicos e isoenzimáticos. 117pp. Report of Project 99/12144-8/FAPESP. São Paulo.

[野生イネに内生する窒素固定エンドファイト]

Baldani, J. I., L. Caruso, V. L. D. Baldani, S. R. Goi and J. Dobereiner. 1997. Recent advances in BNF with non-legume plants. Soil Biol. Biochem., 29: 911-922.
Cruz, L. M., E. M. De Souza, O. B. Weber, J. I. Baldani, J. Dobereiner and F. de O. Pedrosa. 2001. 16S ribosomal DNA characterization of nitrogen-fixing bacteria isolated from banana (*Musa* spp.) and pineapple (*Ananas comosus* (L.) Merril). Appl. Environ. Microbiol., 67: 2375-2379.
Elbeltagy, A., K. Nishioka, T. Sato, H. Suzuki, B. Ye, T. Hamada, T. Isawa, H. Mitsui, and K. Minamisawa. 2001. Endophytic Colonaization and in planta nitrogen fixation by a *Herbaspirillum* sp. Isolated from wild rice species. Appl. Environ. Microbiol., 67: 5285-5293.
Engelhard, M., T. Hurek and B. Reinhold-Hurek. 2000. Preferential occurrence of diazotrophic endophytes, *Azoarcus* spp., in wild rice species and land races of *Oryza sativa* in comparison with modern races. Environmetal Microbiology, 2: 131-141.
Hallmann, J., A. Quadt-Hallmann, W. F. Mathaffee and J. W. Kloepper. 1997. Bacterial endophytes in agricultural crops. Can. J. Microbiol., 43: 895-914.
羽柴輝良・成澤才彦・島貫忠幸. 1998. 植物と相利共生する微生物-3 エンドファイト. 化学と生物, 36：741-749.
古賀博則. 1993. エンドファイトによる芝草の病虫害防除研究の現状と将来. 芝草研究, 22：252-261.
古賀博則. 1997. エンドファイトを利用した農作物の改良. 分子レベルからみた植物の耐病性. 植物工学別冊, 植物細胞工学シリーズ 8, pp.85-88. 秀潤社.
Olivares, F. L., V. L. D. Baldani, V. M. Reis, J. I. Baldani and J. Döbereiner. 1996. Occurrence of the endophytic diazotrophs *Herbaspirillum* spp. in roots, stems, and leaves, predominantly of Gremineae. Biol. Fertil. Soils, 21: 197-200.
Reinhold-Hurek, B. and T. Hurek. 1998. Life in grasses: diazotrophic endophytes. Trends in Microbiology, 6: 139-144.
佐藤洋一郎・森島啓子. 1993. 経済発展の影で絶滅の危機に頻するタイの野生稲. 科学朝日, 53：118-123.
Sato, Y. I., K. Ando, S. Chitrakon, H. Morishima, T. Sato, Y. Shimamoto and H. Yamagishi. 1994. Ecological-genetic studies on wild and cultivated rice in tropical asia (4th survey). Tropics, 3: 189-245.
Stoltzfus, J. R., R. So, P. P. Malarvithi, J. K. Ladha and D. J. de Bruijin. 1997. Isolation of endophytic bacteria from rice and assessment of their potential for supplying rice with biologically fixed nitrogen. Plant Soil, 194: 25-36.
Sturz, A. V., B. R. Christie and J. Nowak. 2000. Bacterial endophytes: Potential role

in developing sustainable systems of crop production. Cri. Rev. Plant Sci., 19: 1-30.

[雑草イネとは？]
嵐 嘉一．1974．日本赤米考，pp.265-270．雄山閣．
有門博樹．1995．福島県産赤米と黒米の通気組織系．日作東海支部報，119：5-10．
Bres-Patry, C., M. Lorieux, G. Clement, M. Brangratz and A. Ghesquiere. 2001. Heredity and genetic mapping of domestication-reated traits in a temperate japonica weedy rice. Theor. Appl. Genet., 102: 118-126.
Cai, H. W. and H. Morishima. 2000. Genomic regions affecting seed shattering and seed dormancy in rice. Theor. Appl. Genet., 100(6): 840-846.
Cho, Y. C., T. Y. Chung and H. S. Suh. 1995. Genetic characteristics of Korean weedy rice (*Oryza sativa* L.) by RFLP analysis. Euphytica, 86: 103-110.
Cho, Y. C., I. S. Choi, S. S. Han, Y. S. Shin, M. H. Moon and H. S. Suh. 1996. Inheritance of resistance to blast in Korean weedy rice. Korean J. Breed., 28(3): 309- 316.
Ha, W. G. and H. S. Suh. 1993. Collection and evaluation of Korean red rice VIII. Flowering characteristics. Korean J. Breed., 25(2): 124-127. (in Korean)
原 史六．1942．朝鮮に於ける一印度型稲の残存．農業及園藝，17(6)：705-712．
一井眞比古．1988．残っていた赤米．農業及園芸，63(2)：19-20．
Kang, H. W., D. S. Park, S. J. Go and M. Y. Eun. 2002. Fingerprinting of diverse genomes using PCR with universal rice primers generated from repetitive sequence of Korean weedy rice. Mol. Cells, 13(2): 281-287.
Kinoshita, T. 1990. Report of the committee on gene symbolization, nomenclature and linkage groups. Rice Genetics Newsletter, 7: 16-50.
Langevin, S. A., K. Clay and J. B. Grace. 1990. The incidence and effects of hybridization between cultivated rice and its related weed rice (*Oryza sativa* L.). Evolution, 44(4): 1000-1008.
Nunes, C. D. M. 1989. Reaction to blast in red rice population. Lav. Arroz., 42(387): 24-27.
Oka, H. I. 1988. Origin of Cutivated Rice, pp.112-114. Japanese Scientific Society Press, Tokyo/Elsevier, Amsterdam.
Rutger J. N. 1993. New world hybridization candidates for cultivated rice. *In* "Rice Biosafety: Report of the international consultation on rice biosafety in Southeast Asia, Thailand, 1992" (ed. Clegg, M. T.), pp.A21-22. World Bank, Washington, D. C.
Suh, H. S. and W. G. Ha. 1993. Collection and evoluation of Korean red rice V. Germination characteristics on different water and soil depth. Korean J. Crop Sci., 38(2): 128-133 (in Korean).
Suh H. S. and H. Morishima. 1994. Classification of weed rice strains based on isozyme variation. Rice Genetis Newsletter, 11: 72-73.
Suh, H. S., S. Z. Park and M. H. Heu. 1992. Collection and evaluation of Korean red rice I. Regional distribution and seed characteristics. Korean J. Crop Sci., 37(5): 425-430. (in Korean)
Suh H. S., Y. I. Sato and H. Morishima. 1997. Genetic characterization of weedy rice (*Oryza sativa* L.) based on morpho-physiology, isozyme and RAPD markers. Theor. Appl. Genet., 94: 316-321.
Suh, J. P., S. N. Ahn, H. P. Moon and H. S. Suh. 1999a. QTL analysis of low

temperature germinability in weedy rice. Korean J. Breed., 31(3): 261-267. (in Korean)
Suh, H. S., J. P. Suh, S. N. Ahn and H. P. Moon. 1999b. QTL analysis on cold tolerance at seedling stage of Korean weedy rice. Korean J. Breed., 31(4): 434-439. (in Korean)
Suh, H. S., J. H. Cho and H. Morishima. 2003. Seed dormancy and longevity of weedy rice. Korean J. Crop Sci., 48. (in press)
津野幸人・佐藤　亨・羽立一宜．1978．赤米種水稲に関する2，3の生理生態的特性．鳥大農研報，30：218-225．
Yang, Y. Y., J. Y. Jung, W. Y. Song, H. S. Suh and Youngsook Lee. 2000. Identification of rice varieties with high tolerance or sensitivity to lead and characterization of the mechanism of tolerance. Plant Physiology, 124: 1019-1026.
湯　陵華・森島啓子．1997．雑草イネの遺伝的特性とその起源に関する考察．育雑，47：153-160．

[野生イネの考古学]

湯　圣祥・張　文緒．1996．三種原産中国的野生稲和栽培稲外稃表面乳突結构的比較観察研究．中国水稲科学，10：19-22．
Chen, W. B., I. Nakamura, Y. I. Sato and H. Nakai. 1993. Distribution of deletion type in cpDNA of cultivated and wild rice. Japan. J. Genet., 68: 597-603.
袁　家栄．2000．湖南道県玉蟾岩1万年以前的稲穀和陶器．稲作　陶器　和都市的起源（厳文明・安田喜憲編）．197 pp. 文物出版社，北京．
藤原弘志．1998．稲作の起源を探る．201 pp. 岩波新書．岩波書店．
Harlan, J. R.. 1975. Crops and Man. 295pp. American Soc. Agron., Madison, IL.
加藤茂苞・小坂　博・原　史六．1928．雑種植物の結実度よりみたる稲品種の類縁に就いて．九州帝国大学学芸雑誌，3：132-147．
甲元眞之．1999．環東中国海沿岸地域の先史文化（第2編）．195 pp. 国立歴史民俗博物館春成研究室，佐倉市．
李　隆助（編著）．2000．清原小魯里旧石器遺跡．611 pp. 忠北大学校博物館/韓国土地公社．
MacNeish, R. S., G. Cunnar, A. Zhao and J. Libby. 1998. Second Ann. Rep. Sino-American Jiangxi Origin of Rice Project (SAJOR). (revised edition.). 80pp. Andover, MA.
松尾孝嶺．1952．栽培稲の種生態学的研究．農技研報告，D 4：1-111．
Nakamura, I., N. Kameya, Y. Kato, S. Yamanaka, H. Jomori and Y. I. Sato. 1997. A proposal for identifying the short ID sequence which addresses the plastid subtype of higher plants. Breed. Sci., 47: 385-388.
中村慎一．2002．稲の考古学．264 pp. 同成社．
佐藤洋一郎．1991．インド型‐日本型品種群における籾形の差異．育雑，41：121-134．
佐藤洋一郎・藤原弘志．1992．イネの起源地はどこか．東南アジア研究，30：59-68．
佐藤洋一郎・宇田津徹朗・藤原弘志．1990．indicaおよびjaponicaの機動細胞にみられるケイ酸体の形状および密度の差異．育雑，40：495-504．
Sato, Y. I., S. X. Tang, L. U. Yang and L. H. Tang. 1991. Wild-rice seeds found in an oldest rice remain. Rice Genet. Newsl., 8: 76-78.
Suh, H. S., J. H. Cho, Y. J. Lee and M. H. Heu. 2000. RAPD variation of the carbonized rice aged 13010 qnd 17310 years. 15pp. Submitted summary at the 4th Int'l Rice

Genet. Symp. Manila, Oct. 2000.
宇田津徹朗・藤原弘志・湯　稜華・王　才林．2000．新石器時代の土壌および土器のプラントオパール分析：江蘇省を中心として．日本中国考古学会報，10：51-67．
渡部忠世．1977．稲の道．226 pp．日本放送出版協会．
山内清男．1924．石器時代にも稲あり．人類学雑誌，40：181-184．
Yano, A., Y. I. Sato and Y. Yasuda. 2002. DNA analysis of charred rice grains and origin of rice in the Yangtze river basin. In "Proc. DEUQUA-Tagung 2002 Potsudam/Berlin". pp.430-433.
Yasuda, Y. (ed.). 2002. Origins of Pottery and Agriculture. 400pp. Lustre Press, New Delhi.
游　修齡．1990．稲作史論集．319 pp．中国農業科技出版社，北京．
Zhang, W. X. 2002. The bi-peak-tubercle of rice, the character of ancient rice and the origin of cultivated rice. In "Origins of Pottery and Agriculture" (ed. Yasuda,Y.), pp. 205-216. Lustre Press, New Delhi.

［中国野生イネの実態］

Cai, H. W. 1993. Study on origin of Chinese cultivated rice and chromosome location of *Est-X*. Ph. D. Thesis, Beijing Agricultural University.
才　宏偉・森島啓子．1997 アジア一年生型野生イネの地理的分化．育種学雑誌，47（別冊1）：126．
Cai, H. W., X. K. Wang, K. S. Cheng and Y. Z. Zhang. 1992. Classification of Asian rices by esterase isozymes. S. W. China J. Agric. Sci., 5: 19-23. (in Chinese)
Cai, H. W., X. K. Wang and H. H. Pang. 1993. Isozyme studies on the Hsien-Keng differentiation of the common wild rice (*Oryza rufipogon* Griff.) in China. Acta. Agric. Sinica., (Special Issue 1): 106-110. (in Chinese with English summary)
Cai, H. W., X. K. Wang and H. Morishima. 1996. Genetic diversity of Chinese wild rice populations. Int. Rice Res. Newsleter, 21: 2-3.
中国農業科学院編．1986．中国稲作学．746 pp．農業出版社，北京．
中国農業科学院品種資源研究所編．1991．中国稲種資源目録：野生稲種．190 pp．農業出版社，北京．
Gao, L. Z., S. Ge and D. Y. Hong. 2000a. A preliminary study on ecological differentiation within the common wild rice *Oryza rufipogon* Griff. Acta. Agronomica. Sinica., 26(2): 200-216. (in Chinese with English summary)
Gao, L. Z., S. Ge and D. Y. Hong. 2000b. Allozyme variation and population genetic structure of common wild rice *Oryza rufipogon* Griff. in China. Theor. Appl. Genet., 101: 494-502.
Ge, S., G. C. X. Oliveira, B. A. Schaal, L. Z. Gao and D. Y. Hong. 1999. RAPD variation within and between natural population of wild rice *Oryza rufipogon* from China and Brazil. Heredity, 82: 638-644.
Huang, Y. H. and X. K. Wang. 1996a. Genetic differentiation of natural population of Chinese common wild rice based on isozyme. In "Origin and Differentiation of Chinese Cultivated Rice" (ed. Wang, X. K. and C. Q. Sun), pp.157-165. China Agricultural University Press, Beijing. (in Chinese)
Huang, Y. H., C. Q. Sun and X. K. Wang. 1996b. Indica-Japonica differentiation of chloroplast DNA in Chinese common wild rice populations. In "Origin and Differen-

tiation of Chinese Cultivated Rice" (ed. Wang, X. K. and C. Q. Sun), pp.166-170. China Agricultural University Press, Beijing. (in Chinese)

Huang, Z., G. He, L. Shu, X. Li, and Q. Zhang. 2001. Identification and mapping of two brown planthopper resistance genes in rice. Theor. Appl. Genet., 102: 929-934.

金田忠吉．2002．野生イネの育種への利用．近畿作育研究，47：81-87．

Li, D. Y. 1996. Classification study of Chinese wild rice based on morphological characters. *In* "Origin and Differentiation of Chinese Cultivated Rice" (ed. Wang, X. K. and C. Q. Sun), pp.115-119. China Agricultural University Press, Beijing (in Chinese)

Li, D. J., C. Q. Sun, Y. C. Fu, C. Li, Z. F. Zhu, L. Chen, H. W. Cai and X. K. Wang. 2002. Identification and mapping of genes for improving yield from Chinese common wild rice (*O. rufipogon* Griff.) using advanced backcross QTL analysis. Chinese Science Bulletin, 47(11): 854-858. (in Chinese)

Liu, G. Q., H. H. Yan, Q. Fu, Q. Qian, Z. T. Zhang, W. X. Zhai and L. H. Zhu. 2001. Mapping of a new gene for brown planthopper resistance in cultivated rice introgressed from *Oryza eichingeri*. Chinese Science Bulletin, 46(17): 1459-1462.

Oka, H. I. 1974. Experimental studies on the origin of cultivated rice. Genetics, 78: 475-486.

Pang, H. H. and X. K. Wang. 1996. Studies on annual type of common wild rice in China. Corp Germlpasm, (3): 8-11. (in Chinese).

Pang, H. H. and C. S. Ying. 1993. Species, geographical distribution of Chinese wild rices and their investigation and utilization. *In* "Rice Germplasm Resources in China" (ed. Ying, C. S.), pp.17-28. China Agric. Sci. and Tech. Press, Beijing. (in Chinese with English summary)

Pang, H. H., H. W. Cai and X. K. Wang. 1995. Morphological classification of common wild rice (*Oryza rufipogon* Griff.) in China. Acta. Agronomica. Sinica., 21(1): 17-24. (in Chinese with English summary)

Second, G. 1985. Evolutionary relationships in the sativa group of *Oryza* based on isozyme data. Genet. Sel. Evol., 17: 89-114.

Sun, C. Q., X. K. Wang, Z. C. Li, A. Yoshimura and N. Iwata. 2001. Comparison on the genetic diversity of common wild rice (*Oryza rufipogon* Griff.) and cultivated rice (*O. sativa* L.) using RFLP markers. Theor. Appl. Genet., 102: 157-162.

Sun, C. Q., X. K. Wang, A. Yoshimura and K. Doi. 2002. Genetic differentiation for nuclear, mitochondrial and chloroplast genomes in common wild rice (*Oryza rufipogon* Griff.) and cultivated rice (*O. sativa* L.). Theor. Appl. Genet., 104: 1335-1345.

Wang, B. N., Z. Huang, L. H. Shu, X. Ren, X. H. Li and G. C. He. 2001. Mapping of two new brown planthopper resistance genes from wild rice. Chinese Science Bulletin, 46(13): 1092-1095.

Wang, X. K. and C. Q. Sun (ed.). 1996. Origin and differentiation of Chinese cultivated rice. 233pp. China Agricultural University Press, Beijing. (in Chinese)

Wang, Z. S., L. H. Zhu, Z. Y. Liu and X. K. Wang. 1996. Gene diversity of natural wild rice populations detected by RFLP markers. J. Agric. Biotechnol., 6(2): 111-117. (in Chinese).

Wu, M. X. (ed.). 1990. Collection of papers on study of wild rice resources., China Sci.

and Tech. Press, Beijing. (in Chinese)

Xiao, J. H., J. M. Li, S. Grandillo, S. N. Ahn, L. P. Yuan, S. D. Tanksley and S. R. McCouch. 1998. Identification of trait-improving quantitative trait loci alleles from a wild rice relative, *Oryza rufipogon*. Genetics, 150: 899-909.

Xiao, H., C. S. Yong and L. J. Luo. 1996 Cluster analysis of plant characters of DongXiang wild rice population. S. W. China J. Agric. Sci., Special issue of germplasm: 8-11. (in Chinese with English summary)

Xiong, Z. M. and H. F. Cai. (ed.). 1992. Rice in China. 606pp. China Agri. Sci. and Tech. Press, Beijing. (in Chinese with English summary)

Ying, C. S. (ed.). 1993. Rice Germplasm Resources in China. 551pp. China Agric. Sci. and Tech. Press. Beijing. (in Chinese with English summary)

Zhang, Q., S. C. Ling, B. Y. Zhao, C. L. Wang, W. C. Wang, K. J. Zhao, Y. L. Zhou, L. H. Zhu, D. Y. Li, C. B. Chen. 2000. A new gene for resistance to bacterial blight from *O. rufipogon*. 4th IRGS: 62.

[野生イネ *O. rufipogon* 集団の姿]

Morishima, H., Y. Sano and H. I. Oka. 1980. Observations on wild and cultivated rices and companion weeds in the hilly areas of Nepal, India and Thailand: Report of study-tour in Tropical Asia 1979. 97pp. National Institute of Genetics, Misima, Japan.

Morishima, H., Y. Shimamoto, Y. Sano and Y. I. Sato. 1984. Observation on wild and cultivated rices in Thailand for ecological-genetic study: Report of study-tour in 1983. 90pp. National Institute of Genetics, Misima, Japan.

Morishima, H., Y. Shimamoto, Y. Sano and Y. I. Sato. 1987. Trip to Indonesia and Thailand for the ecological genetic study in rice: Report of study-tour in 1985/86. 75pp. National Institute of Genetics, Misima, Japan.

Morishima, H., Y. Shimamoto, Y. Sano and Y. I. Sato. 1991. Observations of wild and cultivated rices in Bhutan, Bangladesh and Thailand: Report of study-tour in 1989/90. 73pp. National Institute of Genetics, Misima, Japan.

森島啓子．2001．野生イネへの旅．184 pp．裳華房．

Oka, H. I. 1988. Origin of Cultivated Rice. 254pp. Japan Scientific Societies Press, Tokyo./Elsevier Amsterdam.

Sato, Y. I. 2001. Ecological-genetic survey for wild and cultivated rice in the tropical Asia. 62pp. Shizuoka University, Shizuoka, Japan.

Sato, Y. I., K. Ando, S. Chitrakon, H. Morishima, T. Sato, Y. Shimamoto and H. Yamagishi. 1994. Ecological-genetic studies on wild and cultivated rice in tropical Asia (4th survey). Tropics, 3: 189-245.

高橋成人．1982．イネの生物学．214 pp．大月書店．

Vaughan, D. A. 1994. Wild Relatives of Rice: Genetic resources handbook. 137pp. IRRI, Los Banos, Philippines.

[野生イネは生き続けられるか]

Akimoto, M., Y. Shimamoto and H. Morishima. 1999. The extinction of genetic resources of Asian wild rice, *Oryza rufipogon* Griff.: A case study in Thailand. Gen. Res. Crop Evol., 46: 419-425.

Chevre, A. M., F. Eber, H. Darmency, A. Fleury, H. Picault, J. C. Letanneur and M. Renard. 2000. Assessment of interspecific hybridization between transgenic oilseed rape and wild radish under normal agronomic condition. Theor. Appl. Genet., 100: 1233-1239.

Frankel, O. H. and M. E. Soule. 1981. Conservation and Evolution. 327pp. Cambridge University Press, Cambridge.

Hauser, T. P. and G. K. Bjorn. 2001. Hybrids between wild and cultivated carrots in Danish carrot fields. Gen. Res. Crop. Evol., 48: 499-506.

Hedrick, P. W. 2000. Genetics of Populations. 553pp. Jones & Bartlett, London.

Hughes, J. B., G. C. Daily and P. R. Ehrlich. 1997. Population diversity: Its extent and extinction. Science, 278: 689-692.

Lynch, M. 1996. A quantitative-genetic perspective on conservation issues. *In* "Conservation Genetics" (ed. Avise, J. C. and J. L. Hamrick), pp.471-501. Chapman & Hall, London.

Maxted, N., B. V. Ford-Lloyd and J. G. Hawkes. 1997. Complementary conservation strategies. *In* "Plant Genetic Conservation; The in situ approach" (ed. Maxted, N., B. V. Ford-Lloyd and J. G. Hawkes), pp.15-40. Chapman & Hall, London.

Nei, M. and S. Kumar. 2000. Molecular Evolution and Phylogenetics. 333pp. Oxford University Press, New York.

Sakamoto, S. 1996. Genetic erosion of cultivated plants and their wild relatives. *In* "Biodiversity and Conservation of Plant Genetic Resources in Asia" (ed. Park, Y. G. and S. Sakamoto), pp.29-40. Japan Science Society Press, Tokyo/Elsevier, Amsterdam.

Sato, Y. I., K. Ando, S. Chitrakon, H. Morishima, T. Sato, Y. Shimamoto and H. Yamagishi. 1994. Ecological-genetic studies on wild and cultivated rice in tropical Asia (4th survey). Tropics, 3: 189-245.

保田謙太郎・山口裕文．1998．異なる除草条件下に生育する野生および雑草アズキの生活史．雑草研究，43：114-121．

谷田 匠．1998．タイ国プラチンブリイネ研究所の自生地保存区における野生稲集団の生態遺伝学的研究．修士論文．静岡大学．

索 引

【ア行】

アイソザイム　11, 60, 146〜149
　　　分析　88
赤いコメ　81
アスンシオン　86
アセチレン還元能　96
アセチレン還元量　103
圧痕　124
アマゾン
　　　国立アマゾン研究所　75
　　　の野生イネ　73
　　　プロジェクト　75
アロザイム　182
安定同位体　103
異質四倍体　6, 89
移植田　114
一年生(型)　4, 24, 32, 160, 162
一年生・多年生の分化　150
遺伝形質　189
遺伝構造(集団の)　42, 182
遺伝子
　　　座(量的形質の)　15, 36, 37, 155
　　　多様度　183
　　　頻度　42
　　　流動(の移動)　22, 112, 185
遺伝資源　115, 175
　　　破壊　175
遺伝的
　　　侵食　178
　　　性質(集団の)　33
　　　多様性(度)　48, 182
　　　浮動　42
緯度的勾配　26
イネ科　1

イネ科の誕生　72
イネ属　1, 71
　　　の起源　2
　　　の種　4
インディカ(インド)型　37, 125, 151, 186
インディカ(インド)型とジャポニカ(日本)型の違い
　　　アイソザイム　118, 119, 148, 151
　　　形質　108〜110, 112, 125
　　　ORF 100　119, 120, 134, 151
　　　PS-ID 領域　133, 134
　　　QTL　37
　　　RAPD　119, 120
　　　RFLP　153
ウイルス抵抗性　15
浮きイネ　179
栄養繁殖　16, 32, 159
エステラーゼ　148
エピファイト　92
エンドファイト　91〜93, 103
　　　原核微生物——　93
　　　糸状菌——　93, 104
陸稲　91
オセアニア　7
お化けイネ　170

【カ行】

開穎
　　　角　112
　　　率　112
開花期　26, 33
害虫抵抗性　57
撹乱　33, 160, 178

210　索　引

隔離(生殖的)　16, 22, 58
確率(論)的要因　42
カナマイシン耐性遺伝子　98
花粉放散　186
河姆渡遺跡　128
鴨のイネ　81
カヤツリグサ属　160
環境
　　撹乱　70
　　破壊　83
感光性　26
乾燥地帯　66, 68
機会的要因　42
聞き込み調査　78
起源(イネ属の)　2
基準地域　157
基本栄養生長期間　26, 27
休眠　25
　　期間　110
　　性　117, 166
競合力(競争力)　33, 107, 182
共存　35
近交
　　係数　29, 42, 184
　　弱勢　28, 29
　　に関する集団の有効な大きさ　48
近親交配　42, 184
クイアバ　85
草型　149
組換え自殖系統　36
クラスター分析　147
黒い川　78
系統
　　解析　62
　　発生的関係　9, 13
　　保存　16
桂林　144
決定(論)的要因　42
ゲノム
　　分析　10

　　葉緑体の──　62
　　AA──　6, 22, 57
　　BB──　6, 57, 63
　　BBCC──　6, 12, 57, 63
　　CC──　6, 57, 63
　　CCDD──　6, 12, 35, 57, 63
　　DD──　74
　　EE──　6, 57, 63
　　GG──　10
　　HHJJ──　10
限界日長時間　26
原核微生物エンドファイト　93
原始的祖先種　147
減水期　78
コアコレクション　17
高温処理　26
交雑親和性　115
交配様式(システム)　16, 28, 34
古環境　132
国立アマゾン研究所　75
固定指数　46, 184
コメ
　　赤い──　81
　　白い──の野生イネ　81
コリエンテス　86
コルンバ　83
混殖性　29

【サ行】
採集(野生イネ，食用として)　13
栽培化シンドローム　36, 37, 38
栽培種　1
細胞間隙　101
細胞質ゲノム　12
雑種強勢　189
雑種不稔性　11
雑草　70
雑草イネ　107
　　の起源　118
　　短粒型──　108

長粒型——　108
散布　30
　　　器官　166
自家不和合(部分的)　27
直播田　114
糸状菌エンドファイト　93, 104
自殖(性)　16, 22, 27, 28
自殖弱勢　28
自生地内保存　145, 176
施設内保存　145, 176
自然
　　　交雑　22, 112, 178
　　　集団　190
　　　草原　162
　　　脱粒　114
西双版納　143
湿潤地帯　66
シードバンク　160
ジャポニカ(日本)型　37, 125, 151
シャレイビオ　118
種(イネ属の)　4
収穫指数　32
集団
　　　の遺伝構造　42
　　　の遺伝的性質　33
　　　無限——　42
　　　有限——　42
　　　理想——　43
集団遺伝学　177
集団動態　179
集団内遺伝変異　72
集団の有効な大きさ　40
　　　近交に関する——　48
　　　変動に関する——　43
種間交配(*Oryza glumaepatula* と *O. sativa* の)　88
宿主特異性　102
種子
　　　寿命　25, 111
　　　多型　25

　　　の水中保存　25
　　　繁殖　16, 24, 32
　　　保存庫　176
種内変異　6
種皮色　107, 108
小チャコ　86
小穂の形　61
ジョラダン　14
白葉枯病抵抗性　15
白いコメの野生イネ　80
真核微生物　92
浸透交雑　164, 189
ジーンバンク　59
森林帯起源　72
水深　164
水生植物　22
水中保存(種子の)　25
随伴種　167
数量分類　10
スゲ属　160
ストレス耐性　154
すみわけ　35
生活史　21, 31
　　　特性　36
生殖(的)隔離　16, 22, 58
生態型　6, 35, 178
生態的分布(CCゲノム種の)　64〜71
赤色種皮　117
世代更新　180
節間伸長　30
染色体数　4, 60
選択交配　41
増水期　78
祖先型種　157
ソリモンイス川　74, 76, 78

【タ行】
耐性
　　　ストレス——　154
　　　鉛に対しての——　115

索　引　211

大チャコ 86
大陸移動 8
対立遺伝子 185
他殖(性) 16, 22, 27, 28
　　率 27, 33, 71, 184
　　部分—— 29
脱粒(性) 107, 110, 117
多年生(型) 4, 24, 32, 159
多様性 175
短日性植物 26
単離(エンドファイトの) 94
短粒型雑草イネ 108
地下茎 35, 60, 71
窒素固定エンドファイト 91
窒素固定能 96
チャコ 76
　　小—— 86
　　大—— 86
茶陵野生イネ 141
占城稲 120
江永野生イネ 141
中央平原 158
中間型(一年生・多年生の) 32, 162
柱頭の露出 112
中立的過程 13
長護頴 125
調査船 75
長粒型雑草イネ 108
地理的分布
　　種の—— 7, 8
　　CCゲノム種の—— 64〜71
漳浦 144
低温発芽性 115
抵抗性
　　ウィルス—— 15
　　害虫—— 57
　　白葉枯病—— 15
　　病気—— 57
　　病虫害に対する—— 154
適応 189

戦略 34, 36
的過程 13
的分化 16
度 29
放散 71
データベース 17
テフェ 76, 80
遠縁交雑 15
淘汰(無意識的) 17
動態(集団の) 158
東響野生イネ 141

【ナ行】
鉛に対して耐性 115
日伯共同研究プロジェクト 73
二倍体 59
ネグロ川 74, 76
芒 110, 117, 128, 129, 165

【ハ行】
バイオマス 168
倍数化 16, 71
ハイブリッドライス 154
発芽 24
　　実験 25
バルセロス 76, 80
繁殖
　　戦略 31
　　様式(システム) 16, 33, 34
　　栄養—— 16, 32, 159
　　種子—— 16, 24, 32
　　無性—— 32, 33
　　有性—— 33
パンタナル 76, 82
　　研究所 83
　　縦断道路 86
　　Oryza glumaepatula 88
氾濫原 171
日陰 65, 66
非脱粒性 169

日向　66
被覆度　179
病気抵抗性　57
病原性　97
病虫害抵抗性　154
表面殺菌　99
びん首効果　182
風媒　27
　　花　186
フェノール反応　110
不ぞろい(発芽の)　25
普通野生稲　139
部分他殖性　29
部分的自家不和合　27
ブラジル栽培イネの品種改良　89
プラントオパール　130〜132
分子
　　系統樹　10
　　マーカー　13
分集団　182
分断化　182
分布
　　生態的――　64〜71
　　地理的――　7, 8, 64〜71
分類の混乱　58
変動に関する集団の有効な大きさ　43
方形区　180

【マ行】

マイクロサテライト　13
埋土種子　24, 32
マラジョー島　82
馬柳塘　143
実生個体　24
密植　27
ミトコンドリア　11
無意識的淘汰　17
無限集団　42
無性繁殖　32, 33
モチ性　110

【ヤ行】

焼畑　91, 106
葯　28
葯長　173
鏃状構造　165
野生イネ
　　保存圃　145
　　を採集(食用に)　13
　　アマゾンの――　73
　　白いコメの――　80
　　茶陵の――　141
　　江永の――　141
　　東響の――　141
野生稲(普通)　139
野生種の利用　58
有限集団　42
有性繁殖　32, 33
雄性不稔　15
元江　143
幼芽　168
陽地　22
葉緑体　11
　　(の)ゲノム　62
　　DNA　90
　　SSR　60
組織的要因　42
四倍体　59
　　種　62

【ラ行】

ラヤダ　27
離層　30, 129
理想集団　43
六里長塘　144
量的形質(の)遺伝子(座)　15, 36, 37, 155
櫓稲　118
レトロトランスポゾン　62

【ワ行】

ワイルドライス　2, 14

Index

【A】
AAゲノム　22, 57
　　種　6
AFLP　13, 60

【B】
BB(ゲノム)　6, 57, 63
BBCC(ゲノム)　6, 12, 57, 63, 90

【C】
CC(ゲノム)　6, 57, 63
CCDD(ゲノム)　6, 12, 35, 57, 63
cpDNA　90

【D】
DD(ゲノム)　73, 89

【E】
EE(ゲノム)　6, 57, 63
endophyte　92
epiphyte　92
Est10　148

【G】
GFP 標識　98
gfp の遺伝子　98
GG(ゲノム)　10
GPS　82

【H】
Hardy-Weinberg　184
　　比率　41
Herbaspirillum　92
HHJJ(ゲノム)　10

【I】
ISSR　60

【M】
multifactorial linkages　38

【O】
ORF100　134, 151
Oryza
　alta　12, 61, 73
　australiensis　6, 35, 61
　barthii　6, 12, 22, 27, 35, 97
　collina　59
　eichingeri　6, 59, 61, 62, 64〜66, 68, 71, 72
　glaberrima　1
　glumaepatula　6, 22, 24, 25, 27, 30, 35, 73, 79, 80, 83, 88
　　と *O. sativa* の種間交配　88
　grandiglumis　12, 35, 61, 73, 79, 80, 97
　granulata　7
　latifolia　12, 61, 73, 85〜87
　longistaminata　12, 15, 22, 27, 35
　malampuzhaensis　12, 60〜62
　meridionalis　6, 7, 22, 24, 35
　meyeriana　7, 139
　minuta　12, 15, 60, 61, 90
　nivara　4, 6, 68, 134
　officinalis　15, 59〜62, 69〜72, 92, 139
　officinalis complex　3, 11
　perennis　4
　punctata　6, 12, 59, 61, 62, 70, 90

Oryza
   rhizomatis　　59～62, 68, 71, 72
   ridleyi　　15
   rufipogon　　6, 7, 14, 15, 22, 27, 29, 31～36, 72, 97
   sativa　　1, 22, 36, 57
   sativa complex　　3, 11
   breviligulata　　4

【P】
PS-ID 領域　　134

【Q】
QTL　　37, 38, 115, 155

【R】
R^2　　151

RAPD　　13, 60, 119～120, 153
RFLP　　13, 60, 63, 149, 153
   解析(分析)　　62, 185
Rhynchoryza subulata　　87

【U】
URP プライマー　　116

【W】
Wright の F 統計量　　46

【Z】
Zizania　　14

5SDNA　　60

著者紹介

秋本　正博(あきもと　まさひろ)
　　1970年生まれ
　　1999年　北海道大学大学院農学研究科博士課程修了
　　現　在　帯広畜産大学畜産学部助手　博士(農学)

安藤　晃彦(あんどう　あきひこ)
　　1932年生まれ
　　1958年　東京大学農学部卒業
　　　　　　元サンパウロ大学ルイス・デ・ケイロッス農科大学教授　農学博士

才　　宏偉(Cai, Hongwei)
　　1966年生まれ
　　1994年　中国農業大学大学院農学研究科博士課程修了
　　現　在　㈳日本草地畜産種子協会飼料作物研究所研究員　農学博士

佐藤　雅志(さとう　ただし)
　　1949年生まれ
　　1978年　東北大学大学院農学研究科博士課程修了
　　現　在　東北大学大学院生命科学研究科助教授　農学博士

佐藤洋一郎(さとう　よういちろう)
　　1952年生まれ
　　1977年　京都大学大学院農学研究科修士課程修了
　　現　在　静岡大学農学部助教授　農学博士

島本　義也(しまもと　よしや)
　　1939年生まれ
　　1966年　北海道大学大学院農学研究科博士課程修了
　　現　在　東京農業大学生物産業学部教授・北海道大学名誉教授　農学博士

徐　　學洙(Suh, Hak Soo)
　　1941年生まれ
　　1977年　ソウル大学大学院博士課程修了
　　現　在　嶺南大学生物資源学部教授　農学博士

許　　文會(Heu, Mun Hue)
　　1927年生まれ
　　1957年　ソウル大学大学院博士課程修了
　　現　在　ソウル大学名誉教授　農学博士

Vaughan, Duncan
　　1954年生まれ
　　1986年　イリノイ大学農学部卒業
　　現　在　独立行政法人　農業生物資源研究所遺伝資源研究グループ
　　　　　　集団動態研究チーム・チーム長　農学博士

森島　啓子(もりしま　ひろこ)
　別　記

米澤　勝衛(よねざわ　かつえい)
　1942年生まれ
　1970年　京都大学大学院農学研究科博士課程修了
　現　在　京都産業大学工学部教授　農学博士

森島　啓子(もりしま　ひろこ)
　1934年　横浜市に生まれる
　1958年　東京大学農学部卒業
　1958〜1998年　国立遺伝学研究所で研究員，助教授，教授
　現　在　東京農業大学農学部教授　農学博士
　主　著　日本文化の起源：民族学と遺伝学の対話(共編著，講談社)，野生イネへの旅(裳華房)，Evolutionary studies in cultivated rice and its wild relatives (共著，Oxford Surveys in Evol. Biol. 8) などの論文

野生イネの自然史──実りの進化生態学──
2003年10月10日　第1刷発行

編著者　森島啓子
発行者　佐伯　浩

発行所　北海道大学図書刊行会
札幌市北区北9条西8丁目 北海道大学構内(〒060-0809)
Tel. 011(747)2308・Fax. 011(736)8605・http://www.hup.gr.jp/

アイワード　　　　　　　　　　　　　　© 2003　森島啓子

ISBN4-8329-8061-0

雑穀の自然史 ―その起源と文化を求めて―	山口裕文 編著 河瀨眞琴	A5・262頁 価格3000円
栽培植物の自然史 ―野生植物と人類の共進化―	山口裕文 編著 島本義也	A5・256頁 価格3000円
雑草の自然史 ―たくましさの生態学―	山口裕文編著	A5・248頁 価格3000円
植物の自然史 ―多様性の進化学―	岡田 博 植田邦彦 編著 角野康郎	A5・280頁 価格3000円
高山植物の自然史 ―お花畑の生態学―	工藤 岳編著	A5・238頁 価格3000円
花の自然史 ―美しさの進化学―	大原 雅編著	A5・278頁 価格3000円
森の自然史 ―複雑系の生態学―	菊沢喜八郎 編 甲山隆司	A5・250頁 価格3000円
蝶の自然史 ―行動と生態の進化学―	大崎直太編著	A5・286頁 価格3000円
魚の自然史 ―水中の進化学―	松浦啓一 編著 宮 正樹	A5・248頁 価格3000円
稚魚の自然史 ―千変万化の魚類学―	千田哲資 南 卓志 編著 木下 泉	A5・318頁 価格3000円
植物の耐寒戦略 ―寒極の森林から熱帯雨林まで―	酒井 昭著	四六・260頁 価格2200円
新版 北海道の花[増補版]	鮫島惇一郎 辻井達一 著 梅沢 俊	四六・376頁 価格2600円
新版 北海道の樹	辻井達一 梅沢 俊 著 佐藤孝夫	四六・320頁 価格2400円
北海道の湿原と植物	辻井達一 編著 橘ヒサ子	四六・266頁 価格2800円
写真集 北海道の湿原	辻井達一 著 岡田 操	B4変・252頁 価格18000円
札幌の植物 ―目録と分布表―	原 松次編著	B5・170頁 価格3800円
普及版 北海道主要樹木図譜	宮部金吾 著 工藤祐舜 須崎忠助画	B5・188頁 価格4800円

━━━━━━北海道大学図書刊行会━━━━━━

価格は税別